U0186935

一
步
万
里
阔

迷人的"反派"

Gina Louise Hunter
Edible Insects
A GLOBAL HISTORY

[美]吉娜·路易丝·亨特　著
陈广琪　尹茜　译

可食用
昆虫
小史

中国工人出版社

图书在版编目（CIP）数据

迷人的"反派"：可食用昆虫小史 /（美）吉娜·路易丝·亨特著；
陈广琪，尹茜译 . — 北京：中国工人出版社，2023.8
书名原文：Edible Insects: A Global History
ISBN 978-7-5008-8055-4

Ⅰ . ①迷… Ⅱ . ①吉… ②陈… ③尹… Ⅲ . ①食虫昆虫—历史—世界
Ⅳ . ① Q96-091

中国国家版本馆 CIP 数据核字（2023）第 143781 号

著作权合同登记号：图字 01-2023-0468

迷人的"反派"：可食用昆虫小史

出 版 人	董　宽
责任编辑	董芳璐
责任校对	张　彦
责任印制	黄　丽
出版发行	中国工人出版社
地　　址	北京市东城区鼓楼外大街 45 号　邮编：100120
网　　址	http://www.wp-china.com
电　　话	（010）62005043（总编室）　（010）62005039（印制管理中心） （010）62001780（万川文化项目组）
发行热线	（010）82029051　62383056
经　　销	各地书店
印　　刷	北京盛通印刷股份有限公司
开　　本	880 毫米 × 1230 毫米　1/32
印　　张	9
字　　数	150 千字
版　　次	2023 年 9 月第 1 版　2023 年 9 月第 1 次印刷
定　　价	68.00 元

本书如有破损、缺页、装订错误，请与本社印制管理中心联系更换

目录

前言 ... 001

1 人类的食物——昆虫 ... 001
2 昆虫食用史 ... 043
3 盛宴抑或饥荒 ... 069
4 网罗世界各地的昆虫幼虫 ... 101
5 饲养小型牲畜 ... 139
6 尴尬的食虫者 ... 181

食谱 ... 207
注释 ... 240
参考文献 ... 265
致谢 ... 267

前　言

　　昆虫在人类生活中占据着举足轻重的位置，为人类分解垃圾，为人类的农作物授粉，并抑制农业害虫。昆虫给予我们弥足珍贵的产物，如蜂蜜、蜡、丝绸、丰富多彩的染料（胭脂红）以及上光剂（虫胶）。昆虫曾经是药材，人类也曾利用蚂蚁口器当作缝合线，而蝇蛆至今仍是伤口清创的一把好手。昆虫因其令人心动的美丽外表成为装饰品，如甲虫翅膀艺术（beetlewing art）与珠宝饰品，从艺术形式诞生之初，昆虫就为人类带来了图案样式上的灵感。

　　而有些昆虫则作为人类的宠物而备受呵护，为人类提供娱乐消遣，中国自古以来就有饲养"鸣虫"蟋蟀与繁殖斗蟋的历史。人类对昆虫可以说是又敬又怕，在历史上一直将其当作人格与神格的化身。在古

19世纪印度的甲虫翅膀刺绣品。叶子部分
是用甲虫翅鞘制作而成的。

雕有蟋蟀纹样的中国容器。

蓝色圣甲虫雕饰的现代复制品，在古埃及
曾被用作护身符和印章。

迷人的"反派"
可食用昆虫小史

埃及文化里，圣甲虫金龟子是晨曦太阳神——凯布利（Khepri）的神圣化身；对古希腊人而言，飞蛾象征女神普赛克（Psyche）与灵魂；对希伯来人而言，苍蝇之王——别西卜（Beelzebub）就是撒旦本人；对佛教徒而言，蝉象征着涅槃轮回；对住在南加利福尼亚州的美洲原住民而言，摄食红收获蚁（red harvester ants），会给他们带来透视能力并获取超自然力量。在印度的耆那教中，因教义中的"不害"（*ahimsa*）原则（非暴力），将一切生灵都定义为神圣且不可侵犯的存在，最虔诚的教徒在行走时会清扫去路，以免踩死任何一只小虫子，同时还要遮住嘴巴，免得一些小虫子飞进嘴里丢了性命。

食虫习惯（entomophagy），意味着人类有意地食用昆虫，这仅仅是人类依赖昆虫的一种方式，自人类诞生以来，我们从未改变过。食用昆虫自然是因为它们营养丰富，而且味道鲜美。有些昆虫可以当作主食，而有些昆虫则充当美味的小零食，或充当味道浓郁的调味料；一般情况下，昆虫是其他食物的陪衬：随处收集一些小虫子和浆果，再加上一些坚果——这就是人类最早的零食；还有一些昆虫，如蚕蛹，是另一种人类利用昆虫作业后产生的副产品食材。

我最喜欢的昆虫食物是彝斯咖魇（*escamoles*），外号叫作墨西哥"沙漠鱼子酱"。它们看似小白豆或松子，但口味酷似刚从玉米棒上切下并浸过黄油的嫩甜玉米粒。因其外观，彝斯咖魇有时被戏称为蚂蚁"卵"，但它们实际上是"光胸臭蚁属"（*Liometopum apiculatum*）蚂蚁的幼虫和蛹。它们原产于墨西哥和美国西南部的部分地区，在某些沙漠植物的根部可以找到它们的蚁巢。

墨西哥人视彝斯咖魇为佳肴美馔，当地人将其与辣椒、大蒜和洋葱炒在一起，既可搭配玉米饼，也可单独食用，人们对这道佳肴美馔的喜爱之情可追溯至前西班牙统治时期。彝斯咖魇一名源自当地的纳瓦特尔语"*azcamolli*"，本意是"炖蚂蚁"。彝斯咖魇对

烹饪好的彝斯咖魔。

阿兹特克人而言是一种贡品，在特殊场合进献给他们的皇帝——蒙特祖马二世（统治时期为1502—1520年）。如今，在墨西哥城与其他城市繁华地带的高级餐厅中，这道佳肴美馔价格不菲。这个价格意味着彝斯咖魔的供应受季节限制（每年2月至4月供应），以及捕捉难度。人们把追踪捕获这一美食的人称为"彝斯咖魔罗斯"（escamoleros），他们冒着被黑蚂蚁叮咬的危险，从蚁巢挖出蚂蚁幼虫。经验丰富的彝斯咖魔罗斯懂得细水长流，仅捕获蚁巢内的少部分幼虫，会留下充足的幼虫以保证蚁群能再次恢复元气。控制好捕获量，可以保证彝斯咖魔罗斯能持续在同一蚁巢捕获幼虫长达40年或更长时间。然而，由于彝斯咖魔供不应求，诱使没有经验的偷猎者过度捕获幼虫和破坏蚁巢，导致蚂蚁数量锐减。

食用蚂蚁幼虫这一想法可能会遭受部分人嫌弃，但若能在墨西哥以外的地方买到这些蚂蚁幼虫，且不必担心这些蚂蚁遭受滥捕之灾，我可能会很乐意三天两头就吃上一次。这些蚂蚁实在太美味了！

我与大多数北美人一样，从小到大都与昆虫食物无缘，至少从没有特意去捕捉昆虫当作食物。一直以来，西方文化将昆虫食物拒之门外，而事实上我们才是少数派。在世界上大多数文化中，昆虫一贯是受人喜爱的食物。其实，现下世界各地估计有20亿人常以昆虫为食。[1]

若你一想到要捧着一碗爆炒昆虫，就浑身起鸡皮疙瘩，那再仔细想一想吧，其实昆虫衍生出的食材早就无时无刻不在渗透你的菜单了。胭脂红取自胭脂虫（*Dactylopius coccus*），是天然的红色食用色素，常用来给酸奶、果汁、甜点与蛋糕着色。虫胶是一种树脂，由雌性紫胶蚧（*Kerria lacca*）分泌而来，可以浇到药丸和糖果上，令其表面光滑有光泽，还可以延长柑橘类水果和苹果的保质期，同时为其更添一层光泽。

而且，我们时常在不知不觉间吃下整只昆虫，或昆虫的一部分，不可能将其全部移出人类菜单。在我

紫胶蚧的一种，聚于美国亚利桑那州的一根树枝上。

迷人的"反派"
可食用昆虫小史

们的新鲜水果、蔬菜和谷物中，都有这些小虫子的踪迹，最终，它们还会出现在加工食品中。政府对食品中昆虫"瑕疵"与"污物"的含量设置了可允许的上限。根据美国食品药品监督管理局《食品缺陷水平手册》（*Food Defect Levels Handbook*）的标准，每100克（⅓—½美式杯量）花生酱中，昆虫碎片的含量可能多达30个，而50克（¼美式杯量）小麦粉中，昆虫碎片的含量可能多达75个。[2]然而，消费者的健康并未因这种"污染物"而受到严重影响（除了那些过敏人群）。

对大多数西方人来说，只能接受在感受异国风情美食的宴会上、昆虫学节日、挑战"极端"美食的电视节目、生存主义者旅行指南和旅行者的冒险活动中，做出故意吃下昆虫这种事。但在近几年，昆虫食品似乎正逐渐发展为主流。目前，欧洲和北美的食品杂货店和商店里，都摆放着用昆虫做成的新式美食，一小部分厨师和企业家已经开始试图说服那些满腹疑心的西方消费者，令其相信小虫子也能变成美味小零食。许多报纸和杂志的标题,将昆虫奉为"超级食品"(指具有较高营养价值又健康的天然食物)和"最热门的全新食品趋势"。与此同时,粮食安全专家认为,昆虫至关重要,其可为我们的后代提供可持续的、丰富的蛋白质,还为经济发展提供了另一条途径。[3]一些国家已创建全新的大规模养殖体系,可以大规模地生产昆虫食品。

应不应该在我们的饮食中加入更多的虫子?昆虫真的具有营养吗?若答案是肯定的,为何其会招致我们当中一部分人的深恶痛绝?五洲四海的众多文化又是如何把昆虫融入饮食的?相比其他动物,饲养昆虫的可持续性是否更强?拓展野捕昆虫贸易,能否为边缘化群体带来收入和粮食安全?在本书中,将会对以上问题和一些其他问题作相关探讨。

尽管大家常常认为这一话题挑不起大梁,但对于像我这样没有接受过昆虫学培训的人而言,昆虫作为人类食物的相关文献数量庞大,且多半错综复杂。话虽如此，在接下来的章节中，我将化身为女东道主与主厨，带领各位读者环游世界，并奉上我精心挑选出的可食用昆虫的菜单。虽说昆虫食物的种类繁多，但这可不是大杂烩。相反，我准备了能令各位读者垂涎三尺的一肢半节：世界各地的可食用昆虫趣闻、烹制习惯，甚至还有几份食谱，万一你想自己尝试看看呢。菜单上的食用虫肉，大多数为野生的，养殖而来的仅占少数。我甚至还想给大家分享一些可以家养的昆虫种类。邀请你在桌边落座。祝你有个好胃口！

Edible Insects

A GLOBAL HISTORY

1

人类的食物——昆虫

亚马孙巨人食鸟蛛（*Theraphosa blondi*）是世界上体形最大的蜘蛛，大如餐盘。为了一睹它的风采，摄影师彼得·门泽尔和他的妻子费思·达卢伊西奥沿着奥里诺科河逆流而上，来到了委内瑞拉亚马孙流域的一个小村庄。在那里，当地土著雅诺马马族的一群男孩带着这对夫妻在森林猎捕食鸟蛛。猎捕这些蜘蛛，要将编织好的藤蔓梢戳进蜘蛛生活的地下洞穴，挑逗它们抱住藤蔓梢，然后将其拉出。经过数小时的搜寻，一只硕大的亚马孙巨人食鸟蛛终于上钩了。回到村里，一个男孩用大砍刀（machete）敲打食鸟蛛，把它敲晕后扔入火中。当食鸟蛛里面熟透时，就会发出"嘶嘶"声，喷射出的滚烫体液可达1米。烤了7分钟后，他们会搓掉食鸟蛛烧焦的毛，扯下它的腿，便能看到里面发白的肉，尝起来有点像熏制的螃蟹。这则精彩的故事

亚马孙巨人食鸟蛛，又名哥利亚巨人食鸟蛛。

迷人的"反派"
可食用昆虫小史

出自这对夫妻的获奖作品《食虫者：食虫的艺术与科学》（*Man Eating Bugs: The Art and Science of Eating Insects*，1998），其封面上是一位妖娆的柬埔寨美女，正津津有味地咀嚼着一种体形略小（但依旧令人毛骨悚然）的食鸟蛛。[1]

这是一本专门介绍昆虫的图书，其封面上竟然出现了一只蜘蛛，这肯定会让我们的昆虫学家如鲠在喉。因为从科学角度来讲，蜘蛛属蛛形纲动物，并非昆虫。然而，在大众约定俗成的分类法中，一些令人毛骨悚然的爬行类动物都被归为昆虫的一般类别，或者普通的北美昆虫。

昆虫是什么？

英语中的"虫子"（bug）一词可追溯至古代，在过去用这个词代指"幽灵"——那些难以在平时碰见却很吓人（或至少令人毛骨悚然的），隐藏在暗处阴魂不散伺机而动的东西。这也就不难理解，为什么这一代称后来转移到昆虫身上。1601年，"昆虫"（insect）一词在老普林尼（Pliny the Elder）的《博物志》（*Natural History*）译本中被引入英语。[2]如同数世纪之前的亚里士多德（Aristotle），老普林尼制定了一套自然世界的分类系统。昆虫一词源自拉丁语中的"*cut into*"（切入），表示昆虫的体躯分节。"*Entoma*"是"*Entomology*"（昆虫学、昆虫研究）的起源，在希腊语中也是同样的意思，代指它们最明显的特征——身体分节（segmented body）。现阶段，科学家用瑞典植物学家卡尔·林奈（Carl Linnaeus）的双名命名法来命名生物的分类体系，双名命名法基于物种形态的相似性，每个物种都属于一个属，而属之上，又依次排列着更广泛、更多样化的科、目、纲、门，最后是界。

昆虫属于动物界的一分子，是节肢动物门［Arthropoda，词源是关节（*arthro*）与足（*poda*）］的成员，其中包括其他有分节附肢（jointed appendages）和外骨骼（exoskeleton，包裹在身体外部的骨骼）的无脊椎动物。节肢动物包含许多小类（或亚门），如甲壳纲动物、蚯蚓、水蛭、蜘蛛、蝎子、蜈蚣和千足虫。昆虫所属自身分类体系之下，属于昆虫纲（Insecta），其主要区分特征为身体主要的三部分与三对附着于胸部的足。它们也是唯一长有翅膀的节肢动物（实际上是唯一长有翅膀的无脊椎动物）。

因此，从分类学角度来看，更确切地讲，昆虫是一种小型无脊椎动物，在蜕变为成虫后，它们具有以下特征：（1）坚硬的外骨骼；（2）身体分为三个（通常而言）不同的部位（头、胸和腹）；（3）一对分节触角；（4）一对复眼（在大多数情况下）；（5）三对分节腿，每三节胸骨上各有一对；（6）通常有一对或两对翅膀，不过有些成虫并无翅膀。

在地球上，昆虫是占据主导地位的生命形态，这一事实足以令人大吃一惊。迄今为止，科学家已经识别了超过100万种物种。与之相比，目前已知的哺乳动物物种数量仅有6495种。[3]昆虫学家一致认为，还有数百万种昆虫物种有待发现，但在预测具体物种数量方面，不同昆虫学家的预测相差甚远，从400万到3000万种不等。[4]

有多少种可食用昆虫？

尚不清楚有多少种昆虫有望成为人类的盘中餐，不过荷兰瓦赫宁根大学的昆虫学家伊德·容赫马（Yde Jongema）教授保存着一份清单，上面罗列了世界各地已知的人类可食用昆虫的种类。整理出这份清单可真是个棘手的苦差事，不过在里面的多条记录里，所提及的可食用昆虫缺乏具体的分类信息。目前，最新一版的容赫马清单涵盖了2111种可食用物种（涵盖蜘蛛与其他节肢动物）。[5]

用科学方法分类，大多数可食用昆虫物种属于"五大目"：鞘翅目（甲虫类，已知有659种可食用物

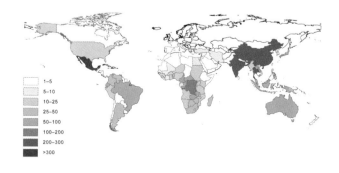

- 1–5
- 5–10
- 10–25
- 25–50
- 50–100
- 100–200
- 200–300
- >300

Source: Centre of Geo information by Ron van Lammeren, Wageningen University, based on data compiled by Yde Jongema, 2017   version: 170402

按国家记录的可食用昆虫种类。

1　人类的食物——昆虫　　　　　　　　009

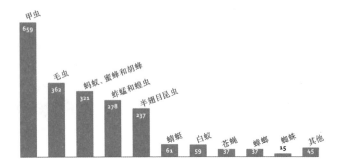

世界各地每类可食用昆虫的数量记录。

种）、鳞翅目（蝶蛾类，已知有362种可食用物种）、膜翅目（蚂蚁、蜜蜂和胡蜂，已知有321种可食用物种）、直翅目（蚱蜢、蟋蟀和蝈蝈，已知有278种可食用物种）、半翅目（"真正的"昆虫类，如蝽和蝉等，已知有237种可食用物种）。

　　许多可食用昆虫物种只在特定发育阶段才会成为人类的盘中餐（或更受欢迎），所以了解昆虫的生命周期便显得极为重要。由卵孵化后，昆虫会通过蜕皮或脱去硬化的外部角质层，待新的外部角质层还未硬化前，扩大身体组织，从而完成机体发育。这种蜕皮会历经4—8次（甚至更多）；这种尚未完全变态，还在发育中的幼虫被称为龄期昆虫。一些不完全变态昆虫的幼虫（或称若虫），如蚱蜢，看起来就像缩小版的成虫，通常而言，它们赖以为生的食物与成虫的相同。其他昆虫则会经历完全变态，踏入成虫期。例如，鳞翅目的蝴蝶和蛾类，发育成熟阶段便是由卵开始，到幼虫（毛虫）、蛹（虫茧），最终羽化为成虫。在这些阶段

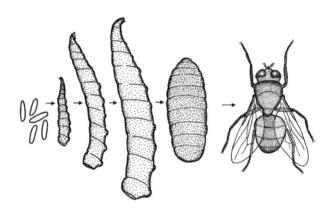

家蝇生命周期的完全变态发育，从卵到幼虫
（三个龄期），再到蛹，最后到成虫。

中，昆虫的外观与行为会发生巨变，它们作为人类的食物，其效用也会截然不同。

昆虫的发育阶段决定了其可食性和营养成分，以及人类应该如何采集和烹饪它们。还在幼虫阶段的蝴蝶和蛾类的味道最为鲜美，人类常常在这个时期大快朵颐，绝不会拖到它们羽化出翅膀的成虫阶段再下手。

哪些地方食用昆虫？

通常而言，我们会将人类食用昆虫的行为称为食虫习惯，但相关术语"以虫为食"（insectivory），一般用在人类以外的动物身上，形容其以昆虫为主食的膳食结构。一些人类以外的动物（甚至还有一些植物，如捕蝇草）全靠食虫为生，而人类是杂食动物：换而言之，人类能够靠各种各样的动植物填饱肚子。因此，食虫习惯一般指人类在食物上的选择。一些作家还会使用拗口的"人类食虫性"（anthropoentomophagy）

一词来形容这种现象。[6]

食用昆虫这一现象在世界各地比比皆是。在130个国家里，3071个不同的族群（ethnic groups）都有食用昆虫的习惯。[7]一般而言，热带地区的可食用昆虫种类多于温带地区，这归功于热带地区的生物多样性更丰富，因此，发现可口昆虫的机会也就更大。在大众日常饮食中，昆虫的食用方式和重要程度，因昆虫种类和地区而异。昆虫的食用方式和重要程度，既体现了生物地理学现象，同时也象征了一种文化现象。

昆虫食品在人类进化中所扮演的角色

1960年，灵长目动物学家珍·古道尔（Jane Goodall）在坦桑尼亚贡贝国家公园首次观察到，有一只黑猩猩折断一根树枝，然后剥光了上面的叶子。这只黑猩猩仔细瞄准身边的白蚁丘，把树枝伸进蚁洞里，片刻工夫便将其抽了出来，此刻树枝上已爬满了白蚁。白蚁立马就成了这只走运黑猩猩的美味点心。黑猩猩也会使用工具，古道尔的这一观察彻底打破了风行一时的观点，即制造工具是人类独有的特质，自此之后，人们还观察到黑猩猩为了"钓上"白蚁，还会特地改造草、树叶和树枝。

不仅黑猩猩能利用各式工具与技术来获取昆虫食物，人类也能运用类似工具捕捉到这些昆虫小点心。我们喜好食用昆虫，而这种喜好可能继承自我们共同的祖先，他们在600万—500万年前漫步在地球上。事实上，我们发现的一些早期的古人类工具就是用于采集昆虫的。古人类指我们的直系祖先，以及各种已灭绝的双足灵长类的亲戚。距今420万—150万年前，生活在非洲的南方古猿发明了骨制工具，用来采掘白蚁丘。[8]

对贡贝黑猩猩的研究表明，捕食白蚁这一行为对雌性黑猩猩而言至关重要。[9]实际上，经常捕食白蚁的雌性黑猩猩比不常捕食白蚁的雌性黑猩猩的繁殖成

黑猩猩利用枝条从白蚁洞中捕捉食物。

迷人的"反派"
可食用昆虫小史

功率更高。众所周知，黑猩猩偶尔会捕杀、食用脊椎动物，但在这方面，雄性黑猩猩往往更具优势。"钓"白蚁或许是雌性黑猩猩确保自身及其后代获取充足营养的方式。

人类学家朱莉·莱斯尼克（Julie Lesnik）研究了早期古人类以及现代昆虫采集种族的日常饮食中，工具的使用和昆虫食物（尤其是那些美味的白蚁）所扮演的角色。莱斯尼克提出假设：我们早期的人类祖先食用了大量的昆虫。这是因为它们在人类进化的热带森林和热带草原中数量丰富，而且与捕杀其他动物相比，获取昆虫的风险相对较小。[10]她和其他研究人员也认为，对我们的人类祖先而言，昆虫及其副产品（如蜂蜜）或许是至关重要的食物来源。[11]特别是，处于生殖期的女性原始人遵循着一些久经验证、极为可靠的古人类生存策略：让昆虫充当生殖期的重要蛋白质源，通过食虫满足身体日益增长的营养需求。

现代人类（智人，*Homo sapiens*）大约在20万年前出现在非洲，在我们诞生后的大部分时间里，依靠狩猎和采集天然食物来维持生计（农业发展的历史只能追溯到约1.3万年前）。人类学家通常着眼于历史长河之中狩猎采集社会（foraging societies）的案例，从中推断我们史前祖先的生活方式。石器时代的"人，猎人"，手持石斧、长矛四处追杀野兽，或许是我们的误解。历史上狩猎采集种族的案例表明，在智人的日常饮食中，采集到的食物往往所占比重更大。这种狩猎采集社会的劳动分工基于性别，男性狩猎频率往往高于女性，也更容易获取肉类；而妇女和儿童则更多地承担采集食物的工作，其中也包括采集昆虫。我们人类的进化史或许可以证明，昆虫在女性饮食中的特殊重要性。

备受研究者瞩目的采集型种族莫过于生活在非洲南部的桑人。莱斯尼克曾花费时间同当代桑人打交道，从而认为早期研究者或许低估了昆虫于桑人日常饮食中的作用，原因大概是采集昆虫的主角往往是妇女和儿童，而昆虫经常被即采即食，导致研究者很难充分评估它们对整体饮食的贡献。[12] 与此同时，西方研究者曾经认为昆虫是一种应急食物，或者是为了抵御饥饿而寻觅到的最后的食物，一旦得到比之"更好"的食物，就将弃之如敝屣。这观点大错特错，莱斯尼克指出，桑人妇女为采集昆虫尽心尽力，在她们眼中昆虫可是有滋有味的佳肴。桑人懂得如何充分利用可全年采集昆虫与时令性采集昆虫的资源。其中一种时令昆虫极为重要，那就是天蛾科（Sphingidae）的幼虫。每到这种幼虫的收获时节，桑人妇女甚至在它们的寄主树木附近扎营，采集到幼虫之后会将其烘烤、制成干货。干货幼虫能保存数月之久，但这也仅是桑人可采集到的18种可食用昆虫中的一种。

昆虫的营养成分

难怪有这么多人选择食用昆虫，它们是营养物质的宝库。与其他动物肉类一样，昆虫由脂肪、蛋白质及多种微量营养元素构成。相较于当下诸如牛肉或鸡肉之类的蛋白质源，许多昆虫富含更多营养物质。100克（3.5盎司）蟋蟀的蛋白质含量可与同等重量的猪肉、牛肉媲美，脂肪含量却只有牛肉的一半，而铁与钙含量则稳居上风。表1罗列了常见可食用昆虫与传统肉类（牛肉、鸡肉和猪肉）的营养对比。[13]

表1　常见可食用昆虫与传统肉类的营养对比

来源 （数值为可食用部分）	热量 （卡路里/100克）	蛋白质 （克/100克）	脂肪 （克/100克）	铁 （克/100克）	钙 （毫克/100克）
牛肉	176	20	10	1.95	5
鸡肉	120	22.5	2.62	0.88	8
猪肉	142	19.8	6.34	0.8	7
蟋蟀（成虫）	153	20.1	5.06	5.46	104
蜜蜂（幼虫）	499	15.2	3.64	18.5	30
蚕（蛹）	128	14.8	8.26	1.8	42
可乐豆木毛虫	409	35.2	15.2	—	700
红棕象甲（幼虫）	479	9.96	25.3	2.58	39.6
面包虫（幼虫）	247	19.4	12.3	1.87	42.9

迷人的"反派"
可食用昆虫小史

不同种类的昆虫所提供的营养成分也天差地远。100克蚕的蛋白质含量为14.8克（0.5盎司），而可乐豆木毛虫（mopane worm）的蛋白质含量却高达35.2克（1.25盎司）。每100克蜜蜂幼虫（幼虫和蜂蛹）的平均脂肪含量仅有3.64克（0.125盎司），但红棕象甲（red palm weevil）的平均脂肪含量可达25.3克（不到1盎司）。

我们很难准确得知一个人能从一份食物中，比方说，从白蚁中摄取到哪种营养。就许多物种而言，根本不存在既可靠又有可比性的数据。此外，昆虫学家夏洛特·佩恩（Charlotte Payne）和其英国及日本的同事分析了购于市场的昆虫样本，发现即便是同种类的昆虫，其营养成分也截然不同。换而言之，在他们购得的蟋蟀样本中，一些样本会比其他样本富含更多营养。这种差异也许应归咎于不同的环境条件，比如昆虫栖息地的富饶程度，或者喂养昆虫的饲料质量。传统肉类的营养成分同样受多方面因素的制约，比如育种和饲料的差异。[14]

另外，成虫具备一种独有的特征，那就是它含有甲壳素（chitin，英文发音为ky-tin）结构的纤维素，这是其他肉类所不具备的。

甲壳素是节肢动物外骨骼的主要结构成分，一般认为这是一种大多数人都无法消化的不溶性纤维，最终会堆积在人体肠道中。然而，在有食虫习惯的社会中，一些人体内拥有能够降解甲壳素的酶（甲壳素酶）。近来有证据表明，甲壳素（比如，把整只蟋蟀打成粉末）是一种益生元，摄入后能增加肠道微生物群，改善肠道健康，减少全身炎症。[15]

虫群和社会性昆虫

也许，你正抱有一个疑问，要抓多少只白蚁才能填饱自己的肚子？其实，与人类所食用的大多数动物相比，昆虫的体形大多很小，但有些昆虫成群结队活动，或者集体生活在巢穴中，这就得以让采集者满载而归。众所周知，纵观历史，成群的昆虫为一些狩猎采集者提供了充足的食物。考古学家马克·Q.萨顿（Mark Q.Sutton）收集了美国西部大盆地的相关历史记录，从中找寻该地区采集者日常食用的昆虫。在该地区，美洲原住民靠狩猎与采集松子填饱肚子，还会定期从蝗虫群中获取丰富且唾手可得的营养。当蝗虫降落到美国大盐湖（Great Salt Lake）时，它们往往溺毙在盐水中，尸体被冲上狭长的湖岸。根据计算，"美洲印第安人从大盐湖沿岸采集蝗虫，每小时可获得的热量是狩猎大型动物的10倍，是采集植物种子的近300倍"。[16]

社会性昆虫（蚂蚁、蜜蜂和白蚁）生活在群落中（如蜂巢），虫群同时也是人类的食物宝库，蕴藏着大量现成的可食用昆虫。虫群成员分为不同阶级，在形态、职责与行为上迥然不同，比如生殖阶级个体（如蜂王和雄蜂）不同于无生殖能力的个体（如工蜂）。在一个完整的世代重叠社群中，每个阶级都扮演着不同的角色，如觅食、储存食物、筑巢、照顾若蚁（未成熟的白蚁）、防御以及繁殖。不同阶级在各个方面，如四季不同的利用价值、行为和营养成分，也都大相径庭，而采集者精于利用社会性昆虫这些可预测的习性。不少人认识到一些人类社会极度依赖白蚁和蜜蜂，因此将其命名为"白蚁文明"或"蜂蜜文明"。[17]

白蚁

白蚁（termites）是当今非洲、亚洲及拉丁美洲人民的重要食物来源。尽管全世界已知有48种白蚁可供食用，但大白蚁属占据了大部分，尤其是好斗大白蚁（*Macrotermes bellicosus*）。[18]在非洲中部与东部的干旱地区，大型的大白蚁群落随处可见。每当雨季来临，白蚁群里负责繁殖的个体会集体婚飞，当地人便趁这个机会进行捕捉。

与其他社会性昆虫相同，白蚁的营养价值因其种类、发育阶段和阶级而异。在白蚁群落中，成熟雄性和雌性生殖个体带有翅膀，称为有翅成虫（*alates*），它们会离开巢穴寻找配偶，并建立新的蚁群，因此只有在特定的季节才能收获脂肪含量较高的有翅成虫和若蚁。兵蚁虽然四季都有，但其脂肪含量相对较低，不过蛋白质含量较高。例如，曾在委内瑞拉发现一种兵蚁，蛋白质含量竟然高达64%。[19]

人们最常食用的白蚁阶级是有翅成虫（繁殖蚁）和若蚁，其次才会选择兵蚁，但它们深藏于白蚁丘里，要想吃到这些小家伙，就必须将其"钓"出来。蚁后偶尔也会成为人类食物，但此类情况并不常见，因为得先摧毁白蚁丘才能找到蚁后，这可是个艰巨的任务。通常，白蚁蚁后是在特殊场合才会享用的珍稀佳肴，但在乌干达和赞比亚，当地人认为蚁后极富营养，属于营养不良儿童的进补食品。

通过几种方法，我们便可轻轻松松将这些会飞的生殖型有翅成虫收入囊中。其中一种方法是在出现繁

白蚁丘，位于刚果民主共和国。

迷人的"反派"
可食用昆虫小史

白蚁丰收。

殖蚁的巢穴口倒扣一个篮子，或放一个盖着布的圆顶形木架，同时敲击或踩踏地面，模拟出下雨的声音，这会刺激有翅白蚁飞离蚁丘。光源也能吸引有翅成虫，在婚飞的那几个晚上，将灯笼或电灯置于一桶水上方，就能轻易引诱它们落入陷阱。[20]有时，当地人会拔掉白蚁的翅膀直接生吃，但大多数时候会将其煮熟晒干，略微煎一煎（无须放油，它们本身富含大量脂肪），或放在香蕉叶里熏蒸。[21]

采集兵蚁的方法与黑猩猩"钓"白蚁的方法大同小异，在南非农村，朱莉·莱斯尼克曾经跟着当地妇女，从著名的高产白蚁丘里采集过兵蚁。这些妇女砸开一个白蚁丘，将疏松的草扫帚插入蚁穴。当她们收回扫帚时，兵蚁会紧紧咬住扫帚上的枝丫，抓紧扫帚快速挥打就可以将上面的兵蚁甩到塑料桶内。这需要一些小技巧，因为这些兵蚁的咬合力很强。妇女们把装有兵蚁的桶带回家，用清水冲洗它们，加入适量盐煮熟后放到篮子里晾干。然后，她们会把它们拿到市场

一名白蚁猎手正与其他人分享猎物，肯尼亚，2017年。

当作小吃出售。莱斯尼克尝过很多昆虫，她说这些兵蚁是她的最爱——它们尝起来像爆米花。

还有其他烹制和食用白蚁的方法。例如，在刚果民主共和国和中非共和国，当地人会榨取白蚁的脂肪，装进管子里，作为烹饪用油。在博茨瓦纳，当地人在食用莫桑比克草白蚁（*Hodotermes mossambicus*）的有翅成虫之前，会将其置于滚烫的灰烬和沙子中烘烤。在肯尼亚，人们会烘烤或晒干白蚁，然后将其磨碎，混入其他配料，制成白蚁薄饼干和松饼。[22]

尽管非洲食用白蚁的案例多于其他地方，但在三大洲的29个国家中，都有食用白蚁（有时作为药物）的记录。在巴西，一种白蚁被应用于传统医学，用于治疗哮喘、鼻窦炎和其他疾病。在尼日利亚，另一种白蚁被用于治疗伤口和孕妇晨吐，并被视为庇佑心灵的护身符。科学研究表明，白蚁拥有抗细菌和抗真菌的特性，可能对人类有一定的治疗作用。[23]

迷人的"反派"
可食用昆虫小史

蜜蜂

正如老普林尼曾经说过的那样,"在所有昆虫中,排名第一且最应该得到人类赞扬的昆虫,公平地说,蜜蜂当之无愧,在所有昆虫中,也只有蜜蜂是为造福人类而培育问世的物种"。[24]大家食用蜂蜜,感激蜜蜂的恩赐,蜜蜂同时还给予人类蜂蜡和蜂胶。在某些情况下,蜜蜂幼虫和蜜蜂成虫自身也是一道佳肴。尽管我们觉得蜂蜜主要用于调味和充当配料,但对于一些人而言,尤其是猎人和狩猎采集者,蜂蜜一贯是饮食中的重要组成部分。例如,据说在盛产蜂蜜的季节,刚果民主共和国的姆布蒂(Mbuti)森林居民可从中获取80%的膳食能量,[25]但这个季节每年只持续两个月。[26]除了蜂蜜,幼蜂(蜂巢中的幼虫和蛹)也经常出现在当地人的餐桌上。

历史上最著名的采蜜高手当属斯里兰卡的猎蜜人,他们倾尽全力,只为采获最宝贵的蜂蜜。昆虫学

西方蜜蜂（*Apis mellifera*）的幼虫。

迷人的"反派"
可食用昆虫小史

家F.S.博登海默（F.S.Bodenheimer, 1897—1959）称斯里兰卡的森林居民为"蜂蜜文明"，并写道，"采蜜是维达人（斯里兰卡的土著居民）最重要的本领"。[27]这些森林居民善于追踪蜜蜂，跟着它们找到蜂巢，再用专用工具取出蜂巢。在斯里兰卡的诸多种蜜蜂及其生产的蜂蜜中，最令人垂涎欲滴的，同时也是最难采获的当属大蜜蜂（*bambara*），因为它们具有较强的攻击性。因此，唯有年轻的勇者才能收获蜂巢。猎蜜人会趁夜间蜜蜂反应迟钝时，摘取蜜蜂的劳动成果。大蜜蜂喜欢把巢筑在悬崖峭壁上，为了靠近它们，猎蜜人建造了藤梯，并将其固定到峭壁上方的一棵树上。勇敢的猎蜜人会下降至峭壁处，手臂上还绑着各种工具：四把叶炬（*hula*，用叶子捆成的火把）、一把双头叉耙和一个用于装蜂巢的鹿皮袋。在峭壁底下，帮手们会生起篝火，放声高歌，守护悬崖绳索之责只会交予猎蜜人的心腹之交。博登海默写道：

想象一下这样一幅画面：怒气冲冲的蜜蜂正在攻击着烟雾笼罩下的一个人，而他正身处70米高的峭壁阴影之下，或是更高的岩体上，尽力摆动身体，用脖子和膝盖挂住梯子，这样才能腾出手臂，自如地操纵火把和叉耙。不是所有维达人都能成为猎蜜人，只有最勇敢无畏的人才能担起这个重任。当他开工爬下峭壁时，是否已经做好了心理准备，随时可以舍弃自己的生命？[28]

在经历虎口夺食、百般折磨后，疲惫的英雄终于为采集者们带来了食物。蜂蜜同时也具有肉类防腐剂的功效，当地人都知道将生肉放进挖空的原木里，然后注入蜂蜜，就能起到隔绝空气与污染物的作用。

根据博登海默的记载，巴拉圭东部的瓜亚基印第安人是另一个"蜂蜜文明"，在他们眼中，蜂蜜为主要食物，"对他们而言，蜂蜜的重要性大于狩猎甚至蔬菜产品"。[29]虽然"以蜂蜜为主食的文明社会"这一想法也许有些言过其实，但在工业化以前，蜂蜜可能在

迷人的"反派"
可食用昆虫小史

饮食中所起到的作用远超我们目前的共识。[30]

为什么有些人厌恶昆虫？

人类是杂食动物，可以从种类繁多的食物中摄取营养，因此，文化在决定人类对美食的定义上起了主要作用。主动尝试新奇食物，极有可能是进化过程中的适应性变化，有助于人类从掌握的资源中摄取大部分营养。反之，在一定程度上警惕陌生或未经验证的食物，因为这些食物或许会让我们吃苦头。这种"喜新癖"（对新食物的渴望）和"恐新癖"（不愿尝试新食物）之间的平衡点因文化、个人以及生活方式而异。

大多数西方人倾向于尽可能避免食用虫子、蜘蛛和其他令人毛骨悚然的爬行动物，这不过是"天性所致"。实际上，我们回避昆虫，大部分影响来源于文化方面，而非生物学方面。尽管有一些证据表明，进化过程中的适应性促使人类惧怕某些动物。例如，一些实验研究发现，猴子天生就对蛇有恐惧感。在一项研究中，实验室里的猴子虽然未曾遇到过蛇类，但是当它看到野生同类对蛇表现出恐惧反应的视频后，便马上激发了它害怕蛇的反应。[31]可是，当研究人员播放野生猴子因其他生物而惊慌失措的视频时，比如看见兔子和花，实验室里的猴子并没有被感染恐惧情绪。虽然只有少数蛇类有毒且具有潜在危险，但对蛇类一视同仁的恐惧，可能促使我们演化出了一种自我保护机制，以此抵御威胁我们生命安全的蛇类。

因此，人们可能会认为，类似的事情也会发生在昆虫身上。在进化过程中，人类天生便恐惧昆虫，因为其中一些昆虫具有潜在的危险性，但实际上几乎没有证据能证明这一点。例如，蜘蛛恐惧症（畏惧蜘蛛）在西方社会屡见不鲜，但在非西方社会出身的人身上并不常见；而且，并无证据表明非人灵长类动物天生畏惧蜘蛛。[32]事实上，西方社会中的恐虫症（entomophobia）和蜘蛛恐惧症与大多数这些生物所构成的危险不成比例，反而是我们把恐惧附加于错误的对象上。大多数蜘蛛对人类无害，甚至称得上有益，我们更应该害怕蚊子才对，它们对人类健康的危害远大于蜘蛛。蚊子通过传播疟疾和其他疾病，每年间接导致全球75万人死亡，其中主要发生在热带地区。在美国，蚊子传播疾病致人死亡的情况反而极为罕见，蜜蜂和黄蜂才是造成死亡最多的昆虫。每年约有100名美国人因对毒液产生过敏反应，而死于蜜蜂或黄蜂的蜇刺之下。

事实上，正如我们所见，人们甚至会食用如狼蛛那般，存在潜在危害、看起来很吓人（至少对我而言）的生物。狼蛛咬人很痛，但一般并不致命。然而，它们满身的蛛毛却会刺激那些来犯之人的黏膜。在柬埔寨，当地人将狼蛛称为"a-ping"（高棉语，可食用蜘蛛），尤其是斯昆地区，以出产狼蛛而闻名。有人说，在红色高棉统治时期，柬埔寨人为抵御饥饿，兴起食用"a-ping"之风，但这种风俗或许可追溯至更古老的年代。自20世纪90年代以来，"a-ping"作为街头美食的一种，主要卖给斯昆当地人和其他城市的游客。把"a-ping"油炸后，再撒上香料，然后码放在大篮子里。为了吸引胆小的游客，小贩们可能会口含去掉毒牙的活体大蜘蛛，或者让它们在脸上爬行。

每当说起可食用昆虫，有些人的厌恶之感就翻涌而出，这并不是对昆虫的恐惧。据心理学家保罗·罗津（Paul Rozin）所说，厌恶实质上是一种与食物有关的情绪，它源自我们的动物本能和食物本身。而这种厌恶感起初也许有助于人类避开有毒物质。例如，"对污秽的厌恶感"让我们不只关心即将入口的可食用物体的成分，也会让我们产生探明食物来源的欲望。由于一些昆虫同腐烂变质（蛆和苍蝇）、疾病（寄生虫）以及肮脏等元素密不可分，厌恶感可能会帮助人类养成良好的卫生习惯，以此避开病原体。[33]

这也无法轻易解释为何西方人普遍厌恶昆虫。很少有人会发自内心地对诸如不洗手、咳嗽或别人嘴里

柬埔寨斯昆地区的炸蜘蛛。

呼出的气息之类的东西感到厌恶，尽管它们同样能成为传染源。此外，蚱蜢、蟋蟀、蝉和许多昆虫的幼虫只吃蔬菜，它们远比吃腐肉的龙虾、螃蟹和一些虾类干净得多，但前者"令人恶心"，后者则滋味迷人。

也许我们对昆虫的厌恶源自"动物性提醒厌恶"（animal reminder disgust）。这是我们对那些让我们想起自身的动物本质（粪便、血液、内脏）和死亡的事物的厌恶。所以吞下整只动物可以引发这种厌恶感。因此，欧洲城市居民和北美人的肉类供应点远离屠宰场，他们可能觉得食用可辨认的动物部位令人作呕，当然也包括能辨认各个部位的整只昆虫。

无论其基本的生物学根源是什么，这种厌恶感都已然成为一种文化机制，以此否定能证明自身文化具有攻击性的一切元素。所以说厌恶昆虫和昆虫美食是文化、历史和地理的产物，并非有生物学上的任何理由。

目前，尚不清楚西方社会何时及为何抛弃昆虫美食。有人认为，伴随植物和动物驯化的出现（特别是在土地肥沃的新月沃土），人们逐渐不再食用昆虫，转而开始将其视为农业害虫。[34]不过，昆虫美食也开始出现在众多农业民族的食物中，其中只有少数昆虫种类能危及农业。其实，在田地里采集诸如蚱蜢之类的有害昆虫，也是防治害虫的有效方式之一。

另一种理论则认为，欧洲地区的其他动物蛋白质相对丰富，采集类似昆虫之类个体较小的食材，只能收获较低的热量回报，与其他狩猎采集和农耕所投入的时间不成正比。在塑造人类日常饮食方面，生物多样性必然发挥了重要作用。欧洲和其他温带地区的生物多样性较少，昆虫和食虫动物同样较少。事实上，1150年至1850年，欧洲度过了一段被称为"小冰期"（Little Ice Age）的降温期，这极有可能导致"小冰期"之前欧洲丰富的生物多样性，一去不复返。该时期的寒冷天气影响了欧洲的森林物种，扰乱了农业，还给欧洲人口带来了灭顶之灾，但这个时期对可食用昆虫造成了何种影响尚未弄清。[35]

随着时间的推移，在西方社会，食用昆虫变成了未开化与物质匮乏的符号。一旦在象征意义和心理层面上给可食用昆虫贴上标签，昆虫就将变得"不堪入口"。正如人类学家马文·哈里斯（Marvin Harris）所述，"并非因为昆虫肮脏恶心，所以我们才不吃它们。相反，因为我们不吃它们，所以才会觉得它们肮脏恶心"。[36]昆虫本身并不会引起我们的厌恶，今时今日，数以百万计感激并食用多种昆虫的人，也不会产生这种厌恶感。

Edible Insects

A GLOBAL HISTORY

2

昆虫食用史

人类食用昆虫的历史与人类的存在一样悠久。在印度、澳大利亚、南非和西班牙发现了旧石器时代（40000—8000年前）的洞穴壁画，其中也包括了采蜜和对抗蜜蜂的场景。[1]最著名的洞穴壁画来自西班牙巴伦西亚比科尔普地区的蜘蛛洞，可追溯至15000—7000年前，壁画上绘有一个人物轮廓，他挂在梯子上面朝蜂巢，而蜂巢四周则围绕着嗡嗡作响的昆虫，这应该是一直沿用至今的传统采蜜方法。另一件引人入胜的人造物是一块刻有一只无翅洞穴蟋蟀纹样的野牛骨头，距今已有1万多年，出土于法国阿列日的三兄弟洞穴（*Trois-Frères* cave）。

在考古记录中，难以找到了解人类食用昆虫的凭证，因为昆虫的遗迹极为细小，而且很容易遭到破坏。地窖、壁炉和容器中残留的昆虫残骸和残渣，有时可

西班牙巴伦西亚比科尔普地区的蜘蛛洞洞穴绘画，
画上绘有一位正在工作的采蜜者，可追溯到公元前
8000—前6000年。

迷人的"反派"
可食用昆虫小史

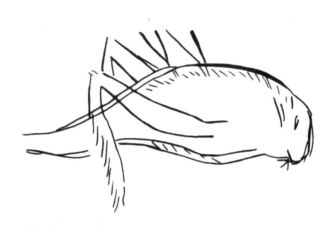

在法国西南部的三兄弟洞穴中，发现了1万多年前的
野牛骨头，骨头上刻有一只蟋蟀的线条画。

用于推论当时的人们如何储存、加工和食用食物。例如，在位于美国西部大盆地地区拥有4600多年历史的遗址中，发现了大量的蚱蜢和其他昆虫。人们从这一点可以推测，这里是食物贮藏处，因为它们能与该地区昆虫采集的人种学研究对应上。而在中国山西省，一处距今已有2500多年历史的遗址中，发现了破开洞眼的蚕茧，这表明当时的人们可能已经开始取出并食用蚕蛹，一如今天的人们。[2]

关于史前人类食用什么的直接证据源自其牙齿磨损程度与骨骼和粪化石（粪便化石）的化学分析。在坐落于墨西哥特瓦坎山谷的一处距今8700—450年前的遗址中，发现了人类粪化石，其中包括幼虫、苍蝇、蚂蚁、虱子、跳蚤、蝉、甲虫、蜜蜂和黄蜂，以及来自其他昆虫的不明碎片，考古学家认为这些昆虫被当作食物。[3]

在世界各地众多考古遗址的粪化石和壁炉炉床中，都发现了蝗虫化石。然而令人遗憾的是，考古调查中常常忽视昆虫的存在。[4]

古老往事

世界各地的古代文献都记载了昆虫的烹饪用途。《圣经》在《旧约》和《新约》中都提到了昆虫美食。《出埃及记》中描写了上帝将"吗哪"（manna）赐予沙漠中的以色列人，或许这就是某种结晶化的液体排泄物，源自以柽柳树为食的粉蚧（*Trabutina mannipara*）。在如今的中东，当地人仍然会从树上采集这种甜蜜的排泄物。他们将其称为"man"。[5]

中东食用蚱蜢和蝗虫的习俗可谓源远流长。在《利未记》里，摩西界定了希伯来人可食用的昆虫种类，"其中有蝗虫、蚂蚱、蟋蟀与其类，蚱蜢与其类，这些你们都可以吃"。已知最早的食用昆虫的证据之一是来自公元前700年的一幅浅浮雕品，其上刻有亚述国王西拿基立（古代近东和黎凡特）的仆人为筹备王宫盛宴正用扦子穿蝗虫。[6]在《新约》中，施洗约翰曾经依靠"蝗虫和野蜜"过活（出自《马可福音》）。

《吗哪的聚会》（*The Gathering of the Manna*），板面油画
（可能是大型祭坛画的一部分），约1460—1470年，荷兰。

迷人的"反派"
可食用昆虫小史

土耳其松的树枝上盖满了介壳虫（*marchalina hellenica*）的排泄物，或称蜜露。蜜蜂会采集这种蜜露，给松蜜增添风味。在土耳其，松蜜是十分常见的早餐调味品。

《古兰经》里提到，穆罕默德也会食用蝗虫——妻子送他的礼物就以蝗虫为原料。

古希腊人也记叙过蚱蜢与其他昆虫的美食。剧作家兼诗人阿里斯托芬（Aristophanes，约公元前450—前388年）提到了集市上出售的"四翼飞禽"（蚱蜢）。在《阿卡奈人》中，有两个角色为蝗虫和歌鸫哪个更好吃而吵得不可开交。在当时，蝗虫是贫困阶层的食物，而上流阶层则偏爱蝉。在《动物志》（*Historia Animalium*）一书中，亚里士多德（Aristotle）是这样描写蝉的：

蝉的幼虫在地里长到足够大的时候就将蜕变为若虫，在外壳破裂之前，尝起来最美味……（至于成虫）起初，交配后的雄蝉比雌蝉更好吃，因为此时雌蝉肚子里全是白色的虫卵。

公元前5世纪，古希腊历史学家希罗多德（Herodotus）

迷人的"反派"
可食用昆虫小史

与后来西西里岛的狄奥多（Diodorus）都描述过埃塞俄比亚的一个民族，并称其为食蝗人（*Acridophagi*），该民族以蝗虫为主食。然而，狄奥多却贬低这些沙漠居民，说皆因他们吃了这种食物，才会体弱多病，寄生虫缠身。[7]

在罗马，1世纪的博物学家老普林尼记录了一种幼虫，名为木蠹蛾（*cossus*，现认为其记载的这种幼虫属于天牛科甲虫的一种——桑蠹虫），称其为美食中的极品，还特地在烹饪前用面粉养肥这些幼虫。[8]

在中国的古代文献中，记载了大量作为食物与药物的昆虫。在公元前475—前221年的《礼记》中，将蝉和蜜蜂列入佳肴美馔之列，专为上流阶层采集制作。[9]

近代早期史：西方的转变

尽管在古代西方文明中，人们享受食用某些昆虫，但到了"大航海时代"，昆虫是否适合作为食物的相关观念开始发生转变。早期的意大利博物学家乌利塞·阿尔德罗万迪（Ulisse Aldrovandi）在其撰写的《昆虫七卷》（*De Animalibus Insectis Libri Septem*，1602）中，专门留出篇幅记录世界各地不同民族的昆虫食谱。那时，无数旅者、传教士与殖民地的官员遇到有食虫风俗的民族，不仅不会感到厌恶，反而会当作奇闻逸事记录下来。

苏格兰"私掠船船长"莱昂内尔·韦弗（Lionel Wafer），在驻扎圣布拉斯群岛（1680年）时完成的《美洲地峡新航程传记》（*A New Voyage and Description of the Isthmus of America*）一书中提到过一种"酷似蜗牛的昆虫"……并将其命名为"寄居虫"（其实很有可能是一种寄居蟹）。在书中他拍着胸脯说，毋庸置疑这种"昆虫"肯定能吃，"尤其是尾巴的部分，不仅能吃简直就是上好的佳肴，味道类似于动物骨髓，滋味异常鲜美迷人。我们用扦子穿住尾巴，稍稍烤一下就可以吃了，一连吃了好多串，简直停不下来"。[10]

然而，在接下来的几个世纪里，虽然欧洲的旅行家仍在世界各地遇见各种昆虫美食，但是他们流露出来的态度要么是极度迷恋，要么是极度厌恶，出现了两极分化，并且往往认为这些美食不高档，充斥着野蛮的气息。随着时间的推移，被学术界视为昆虫学之父的威廉·柯比（William Kirby）与威廉·斯彭斯（William Spence）合作撰写了《昆虫学入门》（*Introduction to Entomology*，1815年至1826年共出版了四卷）。直到此时，昆虫是否适合登上人类的餐桌依旧是个争论的焦点。柯比和斯彭斯论证了昆虫最直接的益处：它们作为"人类的食物，在这方面的重要性远超你们的想象"，[11]并指出"除了讲究习俗，我们没有任何理由能将它们赶出欧洲人的餐桌"。文森特·霍尔特（Vincent Holt）在1885年的著作《为什么不食用昆虫？》（*Why Not Eat Insects?*）中提到，"公众的偏见存在已久，且根深蒂固"，并指责英国同胞忽视了昆虫这种美食。[12]

当然，并不是所有的欧洲人都拒绝食用昆虫。以色列昆虫学家博登海默在《昆虫作为人类的食物：人类生态学的一章》（*Insects as Human Food: A Chapter of the Ecology of Man*, 1951）中，记叙了西方人食用昆虫的"遗迹"，比如18世纪和19世纪的记录表明，在当时的克里特岛、法国和黎凡特，民众十分期待各种植物虫瘿（因昆虫寄生，导致植物异常生长）的出现。他还提到，欧洲曾普遍食用欧洲鳃金龟（cockchafer），并指出有众多作家描述过20世纪的法国与俄罗斯民众食用各种蝗虫的情况。

当代倡导者

出于偏见，西方人习惯性地认为昆虫美食不值得受到认真对待，也让学者们忽视了其价值。虽然昆虫学家写下了大量有关昆虫美食的文章，但他们不得不将其当作业余爱好或附加篇章，必须与"严肃"的学术工作划清界限。虽然博登海默编写的《昆虫作为人类的食物：人类生态学的一章》长达350页，汇编了从史前到现代的可食用昆虫，但是未能成为他主要的学术成果。

众多历史学家、人类学家、昆虫学家以及其他学者（本书引用了他们的众多成果），为世界各地的可食用昆虫的案例研究作出了贡献，同时还有少数科学家试图促使更多人关注该问题。昆虫学家罗纳德·L.泰勒（Ronald L.Taylor）的著作《七上八下：人类营养学中的昆虫》（*Butterflies in My Stomach: or Insects in Human Nutrition*, 1971），以"随机收集的剪报"开篇，并以此大力推广可供人类食用的昆虫。[13]泰勒在当地扶轮社（Rotary Club，由商人和专业人士组成的社交与慈善组织分支）发表非正式演讲时指出，"蛋白质危机"即将到来，人类需要为这颗"饥饿"的星球探索新的食物来源。[14]同时，泰勒还在获取、烹饪昆虫以及利用昆虫在野外生存和医学方面，都给出了切合实际的意见。

1975年，西澳大学动物学教授V.B.迈耶尔-罗霍（V.B.Meyer-Rochow）更具慧眼，最早提出应当探索将昆虫列入人类（与当地风土人情契合的情况下）及家畜食物清单的可行性，以及能够满足商业需求的昆虫养殖机理。可以说他预见到饲养昆虫的潜力，认为昆虫能在人类餐桌上产生更大的效益。[15]昆虫学教授吉恩·德福利亚特（Gene Defoliart）长期任职于威斯康星大学麦迪逊分校，他对昆虫美食的研究程度，或许整个北美无人可及。德福利亚特继承了迈耶尔-罗霍的思想，毕生致力于钻研昆虫的潜在价值。例如，利用昆虫回收再生资源，等昆虫育肥之后，作为富含蛋白质的饲料投喂家禽、鱼类和牲畜。1988年，他创办了《昆虫美食简报》（*Food Insects Newsletter*），从营养、经济和环境方面着重收集世界各地昆虫美食的信息，至今仍可在网上查阅该简报。

德福利亚特基于严谨的学术态度，认真研究了许多昆虫美食课题，他作为这些"与众不同"和"异国情调"美食的推广者，享有一定的名气。他的观点在美国受到众多新闻媒体的广泛关注，他受邀在美国各地的"虫子盛宴"上担任主持人、演讲者，台下的厨师们为了博得访客们的欢心，个个悉心毕力，推出颇具创造力的昆虫佳肴。

联合国粮食及农业组织在2013年发表了《食用昆虫：食品和饲料安全的未来前景》（*Edible Insects: Future Prospects for Food and Feed Security*）一文，标志着昆虫美食研究的新纪元已经开启。报告中还指出，我们应将昆虫视为经济发展和可持续农业实践的一部分，并强调了其重要性与紧迫性。我们克服对昆虫的强烈厌恶感，是接受异文化和客观思考可持续农业系统的先决条件，也是为未来的地球提供粮食的关键。

道出食虫习惯和西方偏见的一个词

我们用来描述民众与其饮食方式的词语，可以反映出我们对其认识与看法，所以，让我们停下来思考一下"食虫习惯"这个词与该词的批评者。在英语中，该词考据只能追溯到1871年。当时的杰出昆虫学家之一，生于英国的美籍科学家查尔斯·V.赖利（Charles V.Riley, 1843—1895）在一本书中首先使用了该词汇。

赖利认为是一位名为W.R.杰勒德的学者创造了该词。[16]尽管目前仍在使用，但一些学者出于多种原因，已经开始避免使用"食虫习惯"一词。一方面，学者们认为，该词含有种族中心主义（ethnocentric）。纵观历史，非食虫者的观察者（即欧洲人）基于自身文化风俗臆断，该词主要用于表示不恰当或不文明的饮食习惯。这是一种将其他人归类为"原始人"的做法。[17]另一方面，如同其他以"phagy"结尾的单词，"entomophagy"出现在用于表示动物行为（而非人类行为）的语境中，如食尸癖（necrophagy，吃腐肉）或胎内互残（adelphophagy，子宫内的一个胚胎吃掉另一个胚胎），后者通常是某些两栖动物的行为。该词尾还与古怪或病态的进食行为有关，如食土癖（geophagy，吃粉笔、泥土或黏土）或食玻璃癖（hyalophagy，吃玻璃）。与这些含义联系在一起，食虫习惯听起来更像是有害的疾病状态，而非健康的饮食习惯。

此外，人们身处所谓的"食虫性"文化中，不会产生自己是"食虫者"的念头。通常而言，在他们的字典中，并无词语可用于表示"食虫"，除非外部殖民强行传入此类词汇。当我与一位韩国同事提起该话题时，她说："讨厌，竟然有人吃昆虫？！"我又问道："韩国不是有一种很火的美食，叫作'*beondegi*'吗？"尽管我的发音很糟糕，但她还是听懂了，并且瞪大了眼睛。"哦，没错，就是蚕蛹！可我从没想过它们也算昆虫。我以前总是吃那些蚕蛹，现在它们不太常见了。只有老年人还在吃。超级好吃"。她没有把昆虫与具体的韩国街头小吃——蚕蛹联系在一起。

韩国很受欢迎的街头小吃，蚕蛹（*beondegi*）。

迷人的"反派"
可食用昆虫小史

即使一些人平时忌讳食用昆虫，但在一些情况下也会将昆虫吃进腹中。虽说德国菜肴中很少见到节肢动物的痕迹，但一些德国人喜欢奶酪（阿滕堡·山羊奶酪和螨虫奶酪），故意在这些奶酪里种下奶酪螨（*Tyrophasuc casei*）。经过奶酪螨繁衍生息之后，奶酪被赋予独特的刺激风味。在欧洲其他地方也能找到类似的利用节肢动物加工、调味牛奶奶酪的例子。最著名的莫过于意大利撒丁岛的卡苏马苏奶酪，这是一种羊奶奶酪，上面布满了酪蝇（*piophilia casei*）蛆虫。这些蝇蛆能分解奶酪中的脂肪，软化其质地，产生特殊的戈尔根朱勒干酪的风味，使其增添一抹刺激、馥郁的口感。尽管端上桌的奶酪遍布蠕动的蝇蛆，但撒丁岛人仍然觉得自己并非在食虫，而是在吃名叫卡苏马苏奶酪的一种奶酪。当然，一些意大利人接受卡苏马苏奶酪与其他奶酪中有幼虫的事实，但这并不意味着他们乐意食用其他种类的昆虫。

以上这些欧洲奶酪的案例，为我们引出了相关

卡苏马苏奶酪的独特风味源自酪蝇蛆虫。

问题的核心,当提及深受西方文化影响的人一般不食用昆虫时,到底谁才是我们口中的那些人呢?对于许多欧洲国家、美国、加拿大和澳大利亚的主流文化来说,情况大多如此。然而,纵观食虫历史,西方文化同样具有多元化的特点。这些地区的许多本土文化,在他们的日常饮食中都包含昆虫,并且在一些"西部"地区,至今仍在食用昆虫。还有一种情况是,那些拥有悠久昆虫烹饪历史的文化,现在或许将昆虫食物归入农村或传统旧俗中,而非将其当作拥有现代、城市、西化元素的食物的一部分。因此,"西方"是一个宽泛但实用的概括,却不能充分反映出"西方社会"或其他地方人们的习俗。

在每个食用昆虫的地方,特定的昆虫美食精华都有其特有的名称。关于哪些昆虫(和昆虫生长期阶段)可以吃,如何将它们完美烹制出来,以及应该如何食用它们,种种规范都带有地方性特色。在非洲维多利亚湖的塞塞群岛上,众多乌干达人钟爱一种名为

埃米尔·施密特,《蝗虫群》(*A Swarm of Locusts*),
彩色平版印刷,1910年以前。

"masinya"的幼虫,但他们不喜欢深受非洲其他地区民众喜爱的其他幼虫。[18]在萨赫勒地区,喀麦隆的莫富古多尔族和尼日尔的豪萨族都食用蚱蜢,但他们彼此又都接受不了对方所食用的蚱蜢种类。

如此看来,相较于我们吃的其他众多食物以及用于描述美食的语言,昆虫美食也不足为奇。美国人吃牛肉,但不吃奶牛、黄牛,或称家牛;大多数人偏爱牛排或烤肉,却不喜欢吃牛舌和牛头肉冻块。每个人能够接受的烹饪方式也截然不同。喜欢吃全熟牛排的人也许会觉得鞑靼牛排令人倒胃口。世界各地的食虫者也是如此。所以说,"食虫习惯"一词会令人产生误解,我们需要一个新词汇来形容昆虫美食。

Edible Insects

A GLOBAL HISTORY

3

盛宴抑或饥荒

没错，面对蝗虫群的肆虐，多么强大的国家，也会瑟瑟发抖。

对我而言，既不会恐惧，更不会带来伤害，因为它们是我眼中的面包。

——托马斯·普林格尔（Thomas Pringle, 1789—1834），《野蛮的布须曼人之歌》

1875年，美国密苏里州西部正值干热的酷夏，天空突然陷入黑暗。一位农夫的妻子正在照料花园，不经意间抬起头擦去额头上的汗水时，被地平线上的那片乌云吓了一跳。随着蝗虫降落发出的第一声"噼啪"声，她回过神来，一股寒意蔓延开来。霎时间，一场"蝗虫暴风雨"袭来。所有物体的表面都落满了蝗虫，蝗虫还钻进她的头发、衣服里。农夫的妻子聚拢哇哇大哭的孩子们寻找避难所，被踩在脚下的蝗虫嘎吱作响，地面上到处都是密密麻麻的蝗虫。在接下来的几天里，她的恐惧并没有平息下来。这些蝗虫在一天内便将这一带的绿色玉米地啃食殆尽，然后它们又盯上了花园和果园，最终农夫一家颗粒无收。那年冬天，多亏了美国东部人的乐善好施才使他们免于挨饿。政府送来了新的种子，他们在春天种下了种子。然而灾难再次降临，进入六月，秋蝗产在土壤之中的卵孵化，一大群若虫吞噬了所能触及的每一根新鲜嫩茎。[1]

数千年来，农民一直深受蝗虫之害。如《圣经》之中降临埃及的第八次惩罚，令埃及陷入灭顶之灾。蝗虫的迁徙看似毫无规律，其实有着明确的周期性，庞大的数量与欲壑难填的食量令人畏怯，难怪农民会将其视为天谴。也许，没有哪一种昆虫能如蝗虫般，清晰地反映出农民在面对大自然时的软弱无能。

迷人的"反派"
可食用昆虫小史

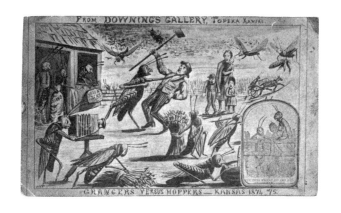

格兰其会员（美国农业保护者协会会员）对抗蝗虫，
1874—1875年。这张肖像名片（*carte-de-visite*）出自堪
萨斯州艺术家亨利·沃勒尔（Henry Worrall）之手，展
现的是堪萨斯州农民（格兰杰夫妇一家）大战蝗虫的画
面。由美国堪萨斯州托皮卡市唐宁画廊出版。

何谓蝗虫?

我们所说的蝗虫,是蝗科(Acrididae)中的短角外斑腿蝗(short-horned grasshoppers)。在1.5万种蝗科物种中,仅有十几种属于严格意义上的蝗虫,其行为特征是界定其是否属于蝗虫的关键因素。而蚱蜢一般为独居动物,当其种群密度较低时,对农业造成的损害也会相对较轻。蝗虫则是由蚱蜢蜕变而成。在一定环境条件下,这些蚱蜢在数量上不断扩大,引发"相变"。也就是说,蚱蜢从大小、外观到行为,都发生了变化(从独居到群居或高度群居)。这些生物——现在被恰当地称为蝗虫——共同迁徙,四处寻找食物,而且能够长途飞行,雌虫在飞行时会将大量的卵产在土壤之中。在接下来的季节里,蝗虫若虫破土而出,成群跋涉,吞噬路上的一切。短短几天内,它们就会发育成熟,一旦羽化为有翼成虫,即刻开启迁飞之旅。

沙漠蝗虫(*Schistocerca gregaria*),极有可能是

《圣经》中降下天罚的物种，或许也是世人皆知的蝗虫种类，但还有其他种类广泛分布于各地。有关蝗虫的记录，从古埃及起，延续至今。在平静期（也称为衰退期），沙漠蝗虫的活动范围局限于非洲、近东和亚洲西南部等地的沙漠地区，面积超过1600万平方公里（618万平方英里）。然而，在蝗灾爆发期，该蝗虫种类可席卷2900万平方公里（1119.7万平方英里）的广袤区域。60个国家的部分地区深受其害。联合国粮食及农业组织实时监测蝗虫数量，为受影响的国家提供预报和警报。该组织制订了"蝗虫监视"计划，追踪沙漠蝗虫以及以飞蝗（*Locusta migratorium*）为主的其他蝗虫种类。飞蝗有多个亚种，主要栖息于非洲、亚洲、澳大利亚和新西兰（原先在欧洲）。尽管联合国粮食及农业组织为监测蝗虫竭尽全力，但偶发性蝗灾所造成的破坏并非人力能够控制。

大多数农民的心腹之患莫过于每天惹麻烦的蝗虫种群。塞内加尔小车蝗（*Oedaleus senegalensis*）与

沙漠蝗虫的独居与群居形态。

迷人的"反派"
可食用昆虫小史

非洲蔗蝗（*Hierglyphus daganensis*）等种类被列入"边缘"物种，因为从严格意义上来讲，它们并非蝗虫，但又周期性地展现出集群行为，而且有可能对农作物造成重大损失。

在这个世界上，大多数人依靠种植一些主要谷物为生，蝗虫群穷年累月带来灾害，瞬间就能将生长数年的农作物啃食殆尽，导致大范围饥荒。人类主要利用化学与生物杀虫剂来控制蝗灾爆发，但这种方法费力不讨好，而且往往效果有限。即便在现今，研究人员仍在竭力追踪和预测蝗灾大爆发。然而，纵观历史，并非人人都恐惧蝗虫降临。多种农业害虫的破坏性仅针对与它们产生食物竞争的人群。对于世界上大多数采集者与种植各种农作物的农民而言，蝗虫的出现并不意味着饥饿降临，实际上或许预示着丰收的转折点即将到来——食之不尽的美味佳肴。

饕餮盛宴

1890年，在一个烟霭迷蒙的下午，时值尼日利亚乌姆奥菲亚的旱季，正是采收山药的好时机，奥孔克沃正与儿子们一起修缮农场周围的土墙，睡意与寂静笼罩伊博村。霎时间，厚厚的阴云遮住太阳，在大地上投下了浓重的阴影。正在忙碌的奥孔克沃抬起头，有些摸不着头脑——现在这个时节居然还会下雨？但随后，村子里响起了阵阵欢呼声，人们手舞足蹈，"蝗虫来了！"

打头阵的蝗虫群只能算"毛毛雨"，只能算侦察这片土地的先头部队。接着，更多蝗虫出现在地平线上，巨大的蝗虫群缓慢移动，如同一片无边无际的乌云，向乌姆奥菲亚飘去。不消片刻，虫群便遮蔽了半边天，太阳的光线竭尽全力穿过牢不可破的虫群，如同星辰闪耀般形成无数个细小的光眼。对村民而言，这幅景象波澜壮阔，满载着无尽的重压感扑面而至。

以上对蝗虫的描述出自经典著作《这个世界土崩瓦解了》(*Things Fall Apart*)，作者钦努阿·阿契贝(Chinua Achebe)还在书中记述了英国殖民者及其在尼日尔三角洲实施的罪行。[2]这些农民的反应是多么的与众不同，此时殖民政府还未逼迫他们种植谷物，蝗虫也就无法坐享其成，反而让农民们饱餐一顿。阿契贝在书中清清楚楚地写道，这些蝗虫实则是一场难得的盛宴：

尽管蝗虫已然多年没来乌姆奥菲亚做客，但每个人都凭直觉知道其尝起来非常美味……很多人提起篮子就想冲出门去捕捉蝗虫，但长辈们劝大家少安毋躁，等候夜幕降临。姜还是老的辣。蝗虫在灌木丛里过夜时，露水会沾湿它们的翅膀。乌姆奥菲亚村全体村民顾不上凛冽的哈麦丹风，每个人的袋子或罐子里都装着满满当当的蝗虫。第二天一大早，把它们放进陶罐里烘烤，然后置于阳光下暴晒，直到变得又干又脆。经过多日熟化，村民会将这些稀罕食物同棕榈油搭配在一起食用。[3]

在昆虫大批出现的地方，人们为何不善用这些天降之财呢？事实上，在众多历史文献中，都记载了关于人类通过食用蝗虫减轻蝗灾灾情的例子。

蝗虫之年

北美栖息着约1200种蝗虫，但仅有一种蝗虫，即落基山岩蝗（*Melanoplus spretus*），1902年最后一次现身成了绝响。这要归功于全面开展的斩草除根行动以及对该物种的草原栖息地的破坏，经再三调查取证，认为落基山岩蝗现在已经灭绝。然而，1874—1875年，落基山岩蝗大爆发，产生了有史以来最大的蝗虫群。

1874年，落基山岩蝗集成大群，突袭了美国科罗拉多州北部、怀俄明州南部、内布拉斯加州和达科他的部分地区。此时，整个美国中部的农民饱受几年前开始的大范围干旱困扰。当蝗虫找到新草皮，会啃光每一片嫩绿的叶子和每一根草茎，让春天的原野看上去荒芜如凛冬时节。蝗虫将草叶一扫而光之后，接下来轮到庄稼，之后盯上树木，所有树叶与树皮都不能幸免。甚至有记录证明，蝗虫会啃食斧柄、布、马镫皮带、缰绳、手套和帽子，新来的定居者与农民在这场灭顶之灾中只能等待破产。灾区许多初来乍到的自耕农，迫不得已只好放弃土地，动身返回东部地区。

这些蝗虫在1874年产下的卵，次年春天便破土而出，若虫跋涉前行搜寻新食物。到1875年4月，蝗虫已经席卷至明尼苏达州、艾奥瓦州西北部以及密苏里州西部，这些地区有较为密集的耕地。[4]因此，北美中西部的几个地区将这一年称为"蝗虫之年"。

1875年7月，蝗虫到达美国东部边界，之后开始转头朝西北方向而来。凭借南风的助力，它们聚集成一个庞大的虫群，估计最终达到12.5万亿只，覆盖面积超过318650平方公里（198000平方英里）——该区域马达加斯加萨特鲁卡附近的蝗虫群，2014年5月。

远大于位于蒙大拿州与格兰德河之间的加利福尼亚州。内布拉斯加州的一位观察员作证，一连五天成群结队的蝗虫于一英里高处飞过头顶。通过给邻近城镇发电报确认，他估算蝗虫群宽177公里（110英里），长2900公里（1800英里）。

据报道，美国科罗拉多州斯普林斯的H.麦卡利斯特先生发现这些昆虫善于借助风力前行：

蝗虫群接近降落时，会在你周围反复盘旋，撞击着所有活物或死物，冲进敞开的门窗，在你脚边和建筑物周边不断堆聚，它们的下颚无时无刻不在撕咬，找寻可供它们吞噬的东西。身处这场战斗之中，耳边传来一刻不停的"嗡嗡"声和各种噪声，无处不在的破坏令人无法置之不理。面对不可避免的破坏，人们不知所措，只能瑟瑟发抖，这压倒性的暴力令人不由得想起了埃及天罚。[5]

尽管1874—1875年的蝗灾非常严重，但对美国人而言，蝗灾侵袭算不上什么新鲜事，几个世纪以来，北美与南美各地都有蝗灾记录。早在1632年，危地马拉就将蝗灾记录在册；18世纪与19世纪整整两个世纪中，美国西部就时常爆发周期性蝗灾。贯穿整个18世纪，加利福尼亚州的耶稣会传教士会定期报告蝗虫降临的情况；在19世纪，南至阿根廷的科尔多瓦，北至加拿大的马尼托巴省，都有蝗灾报告。时至今日，中美洲和南美洲仍会爆发周期性蝗灾。1874—1875年的这场蝗灾在美国轰动一时，不仅因为其范围广阔，对经济影响大，还因为它让科学家们了解到了有关蝗虫的知识，同时还引起了全国性紧急应对机制。

自学成才的年轻学者查尔斯·V.赖利出生于英国，1868年于密苏里州成为昆虫学家——他是当时美国的第三位昆虫学家。当遮天蔽日的蝗虫群蔓延至密苏里州西部各县时，他正坚守在工作岗位上。赖利要求受灾地区的农民采集昆虫，以核实它们的确属于同一种类，从而确定罪魁祸首是落基山岩蝗。赖利研究了全美洲蝗灾爆发的历史，追踪蝗虫的生长历程。根据蝗灾爆发和生态学两者的历史，以及他对蝗虫生命周期的认识，赖利正确预测了1875年密苏里州蝗灾爆发的时间，并推算出蝗虫一旦穿过密苏里州西部，到达东部边界时就会力竭衰亡。

1874—1875年的蝗灾直接影响了75万人，受灾地区经济损失惨重。由于这场灭顶之灾，身处受灾地区的人难以无视灾难中降下的天罚。可赖利大力主张，政府应给受灾农民发放救济金并施以援手。当有关蝗灾的报道如雪片般飞来时，密苏里州州长赶紧跟风呼吁为此祷告一天，赖利回应道，"当然，祷告最好与具体的救援工作同步进行"。的确如此，若没有东部各州的政府救济和粮食捐赠，伤亡或许会极为惨重。

赖利作为先行者，帮助政府与农民了解蝗虫，寻找对抗蝗灾的办法。他力劝美国国会成立昆虫学委员会，以此来研究蝗虫及其他农业害虫。1876年美国

迷人的"反派"
可食用昆虫小史

昆虫学委员会成立，并任命赖利为首席昆虫学家。从此，赖利的知名度、资源与经验与日俱增。他提出了一系列切实可行的应对蝗灾的解决方案，包括挖掘壕沟，以此诱捕若虫，以及正确选择耕作时机，深埋虫卵，将其扼杀在摇篮里。赖利控制蝗虫的解决方案之一，看似牵强附会，却被当时的报纸广泛报道——为什么不吃蝗虫呢？

晚餐吃蝗虫吗？

赖利知道，在旧世界，蝗虫是"家常便饭"，通常人们会剥去它们的翅膀和腿，之后根据个人喜好进行煮、烘、炸、熏、炖、烤等处理。蝗虫独特的滋味深受中东和非洲不同民族喜爱。赖利还知道，北美各土著民族喜食"新世界"蚱蜢，大概率就是肆虐美国西部的落基山岩蝗，或是与其极为相似的物种。而且赖利还注意到，其他动物会毫不犹豫地吃掉蚱蜢，没有任何不适感。蝗虫侵袭密西西比河流域，这给了赖利一个良机，让他实现了长久以来的渴望——测试该物种能以何种方式成为大家的盘中餐。他这样做不仅是出于好奇，还因为该地区的一些人正处于饥饿的边缘。

赖利在《美国蝗灾》（*The Locust Plague in the United States*, 1877）一书中讲到，只要一有机会他就会吃蝗虫，用各种各样的烹饪方法，而且他每次吃都会觉得它们很合自己胃口。他指出，除了烹调和添加一些佐料，它们几乎不需要任何加工。[6]

他征求他人意见，并且举办晚宴，让他人亲自体会昆虫的美妙。凡事总有例外，众人对他的努力并不领情。他还讲述了自己初次尝试推广吃蝗虫的事情：在密苏里州沃伦斯堡的一家酒店里，没有一个厨房工作人员愿意对他伸出援手。凭借自身才能，并且在"一位博物学家朋友和两位聪明的女士的参与和帮助下"，他制作了许多菜肴。一缕缕馥郁宜人的香味从烹饪好的菜肴中散发出来。

当好奇的围观者闻到香味，脸上恐惧与厌恶的神色逐渐消失……最后，厨师长——一个胖乎乎、乐呵呵的黑人——也参与到这次活动中……蝗虫汤很快就见底了，愚蠢的偏见也随之消失；然后，人们吃光了裹着足量面糊的蝗虫蛋糕，并表示其味道出色；接着是原味或辣味烤蝗虫；最后，用施洗约翰曾吃过的烤蝗虫与蜂蜜甜点给这顿饭画上了句号。此时大家一致认为，以后再也犯不着同情这位杰出的先知了，虽身处旷野，但他的伙食并不逊色于任何大餐。[7]

1875年之后的几年里，出现过落基山岩蝗的身影，但其数量与破坏性早已不复当年的威风。美国西部不断开拓殖民地，引入犁耕农业及放牧，种种措施显著地改变了西部河谷（落基山岩蝗的栖息地）的生态系统，最终导致蝗虫灭绝。[8]然而蝗虫肆虐的记忆依然铭刻在所有人心中，这些记忆塑造了美国西部拓荒者的经历，以及美国在政治和社会方面的特征。[9]

赖利举办蝗虫晚宴的主要目的是引人注目。让美国国会议员目睹蝗虫，就可以把公众的目光聚焦到西部农民身处的困境上，同时生动地表达了赖利自身的感受，昆虫下肚，或许可以减轻昆虫带来的种种苦难。可他明白，食用蝗虫这条路可能走不通。尽管赖利与其他人都曾身体力行，但他承认：

　　我们的西部农民不时遭受蝗灾之苦，为此，他们不会轻易对蝗虫作出应有的肯定，反而一直心怀偏见，只考虑如何全力杀死蝗虫，让它们尸横遍野，直到它们腐烂的尸体散发出令人作呕的阵阵恶臭——农民在害虫身上找不到任何亮点。正因为这些原因，只要还有其他食物可供选择，大多数人就不会接受蝗虫这种食物。[10]

　　的确，他们一贯如此。

迷人的"反派"
可食用昆虫小史

显示落基山岩蝗原产地及其分布范围的北美地图，
由查尔斯·V. 赖利于1877年绘制。

食用农业害虫

通过食用蝗虫抑制农业害虫，赖利无疑不是首位提议者。伊曼努尔·康德（Immanuel Kant）写道，1693年，德国政治理论家卢多尔夫·雨果（Ludolph Hugo）用烹饪淡水螯虾的传统方法烹饪肆虐德国的蝗虫，并加入醋与胡椒腌制。随后，他请法兰克福议会议员品尝了这道蝗虫菜肴，他们正好被召集过来讨论这一问题。[11]与1877年的赖利一样，他的想法也令人另眼相待。

在世界其他地区，人们并不嫌弃通过食用昆虫达到抑制害虫这一想法。印度黄脊蝗（*Patanga succincta L.*）爆发，侵袭了泰国的玉米田，甚至在喷洒杀虫剂后仍未能抑制住蝗虫。此时泰国政府发起一场运动，以鼓励民众食用黄脊蝗。虽然泰国人食用许多种昆虫，但这种昆虫并不在他们熟知的日常菜单之中。这场运动自1978年起，持续到了1981年，同时人们尝试了许多种烹饪蝗虫的方法。现如今，油炸黄脊蝗已成为泰国受欢迎的昆虫美食之一，这种害虫已不再是农民的心头大患。事实上，一些农民还会种植玉米，用来喂养黄脊蝗，这种玉米供不应求，售价昂贵。[12]

　　在墨西哥南部，从尚未殖民化到现今，蝗虫和其他昆虫一直是土著居民日常饮食中的重要组成部分。蝗虫，在瓦哈卡州特别抢手，在当地的街头巷尾和多个市场上，随处可见装得满满当当的大篮子，里面装的正是用香料调味后的蝗虫。这些蝗虫采集于田地里，经过清洗、烹制之后在市场上售卖。它们既是当地人重要的蛋白质来源，也是商贩的收入来源。[13]

　　在接壤的墨西哥普埃布拉州，蝗虫同样很抢手。为此专门开展了一项农业研究：将苜蓿田里传统人工采收蝗虫与使用化学杀虫剂防治害虫进行比对实验，从而可以确定，在控制农业害虫方面，人工采收同样行之有效，可以减少农药成本，降低治理水土污染的开支。与此同时，还能获得附加好处——制作蝗虫美食以增加收入。[14]

墨西哥瓦哈卡州街头上售卖的炸蝗虫（Chapulines）。

迷人的"反派"
可食用昆虫小史

盛宴抑或饥荒？

在钦努阿·阿契贝的小说里，起初是将臭名昭著的蝗虫用于隐喻另一种侵入，即欧洲人和传教士对非洲的侵入，这种侵入如同蝗虫一样，最终将对非洲人民及其文化造成破坏。人类学家休·拉弗尔斯（Hugh Raffles）为我们讲述了一则源自尼日尔的当代警示故事，解释了长期以来，围绕蝗虫产生的一些矛盾说法。

正如拉弗尔斯所说，对非洲萨赫勒地区（一条狭长的地带，从大西洋延伸至红海）的民众而言，每当沙漠蝗虫偶然出现，就意味着饥荒的到来，而蝗虫就成了当地人的食物来源。然而，更令人苦恼的是，其他边缘性物种的蝗虫会长期存在，即使在种群密度较低的情况下，其仍会大肆破坏农作物。萨赫勒地区的各类蝗虫，在法语中统称为"*les criquets*"，在当地的豪萨语中统称为"*houara*"。长久以来，蝗虫始终是豪萨人餐桌上的"常客"。直到殖民政府企图在该地区推行花生和蜀黍种植之后，蝗虫才沦为人人喊打的农业害虫。现今，唯有富农才买得起防治蝗虫的杀虫剂，可面对萨赫勒地区周期性蝗灾的肆虐，这些杀虫剂根本不奏效。[15]

村中妇女自古以来就知道采集蝗虫，以贴补本就微薄的收入。现今，不仅是豪萨人喜爱蝗虫，相对富裕的城市居民也乐于享用蝗虫，并将其视为一种"特殊美食"。这种美味小吃可以在公开市场买到，也可以偶尔买回家与亲朋好友共同分享。拉弗尔斯沿贸易路线，村中妇女成群结队采集灌木下的蝗虫，折断它们的后腿，再扔进棉布袋里。九月时节，蝗虫多如牛毛，采集起来也易如反掌，一旦到了一月份的淡季，妇女们不得不四处搜寻蝗虫的踪迹。在有些丰年，妇女可以赚到足够的钱买下一头牛，还能吃上不限量的蝗虫。然而年景不好时，甚至一无所获，连蝗虫的影子都看不到。

迷人的"反派"
可食用昆虫小史

在尼日利亚贾林戈售卖的一种蝗虫小零食，被称作"Fara"。

一名豪萨族妇女在尼日利亚街边集市售卖花生。

迷人的"反派"
可食用昆虫小史

即使在淡季，当物以稀为贵，便会提高市场价，这些妇女也能靠蝗虫赚取微薄收入。村中妇女把捕获物卖给商人，商人将其转卖给区域市场的批发商。蝗虫再从区域贸易商那里，最后流向市场摊位零售商。在每一个交易阶段，蝗虫的价格都会被抬高，每个中间商（他们都是男性）都能拿到属于自己的分成。然而，村中妇女得想方设法，从微薄的捕获物中获取所需，因为她们没有其他活计，想要为家人购置衣服、生活用品和食物，就只能靠采集蝗虫赚钱。她们最后花钱买到的食物，虽然分量很可能高于蝗虫的捕获量，但在营养质量上，却相形见绌。[16]

蝗灾不断对非洲、中东和亚洲部分地区造成严重破坏，引发饥荒，而且不时威胁到全球约十分之一人口的生计。气候变化和全球变暖为今后规模更大、更具破坏性的蝗虫群创造了条件。由于目前主要的防治手段是大范围喷洒化学制剂，许多地方的蝗虫已不可安全食用。

澳大利亚恩加利亚/瓦尔皮利族（澳大利亚原住民）
艺术家朗·杰克·菲利普斯·贾卡马拉的画作，该地
区位于澳大利亚中部帕普尼亚附近的沙漠中，画作
年代不详。

迷人的"反派"
可食用昆虫小史

Edible Insects
A GLOBAL HISTORY

4

网罗世界各地的昆虫幼虫

大部分可食用昆虫是从野外采集而来的，而且是一种时令食物。传统文化发展出了惊人的方法，用于查找、采集与烹制昆虫。下面是来自世界各地的一些实例，简单介绍了过去与现今如何采集、烹饪昆虫美食。

澳大利亚

历史上，昆虫是澳大利亚各土著民族的重要食物，它们甚至能在最恶劣的干旱环境中繁衍生息。澳大利亚人类学家、生理学家E.C.斯特林在1896年写道，澳大利亚中部原住民"提及的所有可食用动物的名称，在很大程度上，概括出了该地区的动物区系"。[1]但是，对于澳大利亚原住民的昆虫美食的详尽了解，也仅限于寥寥数种：巫蛴螬（witchetty grubs）、博贡蛾（bogong moths）、蜜罐蚁（honeypot ants）和"糖包"蜜蜂（sugarbag bees，比如澳大利亚无刺蜂）。

巫蛴螬是木蠹蛾的幼虫，以木蠹蛾灌木的根部汁液为食（"巫蛴螬"是个通称，可用于称呼澳大利亚境内所有的可食用幼虫）。在澳大利亚中部，仅有25种昆虫幼虫入选可食用美食名单，在这之中，木蠹蛾幼虫曾是首选。[2]妇女和儿童挖开灌木的根部，寻找木蠹蛾幼虫，这些幼虫可以生吃，或放入滚烫的灰烬里焙熟，或穿成串烤制。熟透后，其表皮变得酥脆，而内部仍是奶油流心的状态。人们形容其滋味像"酥皮糕点，酥脆的外皮包裹着坚果味的炒蛋和清淡的马苏里拉奶酪"。[3]这些幼虫的滋味令人食指大动。它们长约7厘米（2.75英寸），富含脂肪和蛋白质，每100克（3.5盎司）含有245卡路里。

博贡蛾曾是澳大利亚山脉原住民的重要食物。虽然许多种蝴蝶和蛾类也可食用，但最佳赏味期多半在幼虫阶段。然而，在食用成虫方面，博贡山地区的澳大

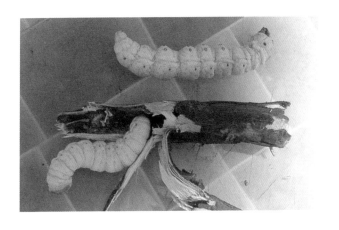

木蠹蛾幼虫。

夏蛰中的博贡蛾，位于澳大利亚维多利亚州高原地区。

迷人的"反派"
可食用昆虫小史

利亚原住民却不走寻常路。仲夏时节，博贡蛾进入休眠期，也称为夏蛰，在此期间，它们聚集在山洞壁和裂缝中，采集起来易如反掌。置于沙子与滚烫的灰烬中烹饪，能烧除它们的翅膀与腿，烤熟后其身躯脂肪含量高达60%，可以直接食用，或制成虫子酱和蛋糕。

　　在世界各地的干旱环境中，都能发现蜜罐蚁的踪迹，它们往往是当地难得的蜜源。之所以将它们称为蜜罐蚁（或蜜蚁），是因为蚁群中存在某些特殊的个体，被称为贮蜜蚁，它们会将蜜露储存在腹部，当食物匮乏时，再分享给蚁群其他成员。无论在哪里，人们都爱吃这种滋味甜蜜的大个头蚂蚁，但得费一番工夫才能采集到它们。想要进入地下蚁巢，就须得先挖出一个同蚁巢平行的深井——有时其深度可达2米（6.5英尺）——然后在深井侧面挖掘隧道，延伸至蚂蚁居所的走廊。人们会抓住蚂蚁的头部，一口咬下它们饱满的腹部。

　　昆虫有诸多实用性用途，如可运用到食物、药

挺着甜美腹部的蜜罐蚁。

物、诱饵、黏合剂、装饰物以及玩具等方面。除此之外，还有多种昆虫是"文化关键物种"。也就是说，它们在澳大利亚原住民的文化认同中，扮演着非常重要的角色。这些关键物种是人类的食物，但它们也被铭刻于创世故事、仪式歌曲与艺术设计以及人名和地名之中，备受颂扬。[4]例如，帕普尼亚，这个小群落坐落于澳大利亚北部领土，其孕育了著名的西部沙漠帕普尼亚图拉艺术运动。"帕普尼亚图拉"意指"蜜蚁之梦"，是一则创世故事。安身于该地区的各部落都认同这个传说，认为蜜蚁与土地息息相关。这场艺术运动始于20世纪70年代，在当时，村里的长者在一所学校的一侧绘制了蜜蚁壁画。"点与圆"的风格孕育出了一场划时代的艺术运动，至今仍在蓬勃发展。[5]

　　正如该实例所示，同昆虫相关的土著名字、仪式和神话与错综的生态及社会知识交织在一起，原住民的背井离乡和衰亡，导致其中大部分知识遗失。现今，土著部落仍为保留自身文化与确立权力而不断斗争。

尽管澳大利亚的内陆旅游业以及新潮餐厅会以澳大利亚土产美食与本土食物为卖点,推出独具一格的巫蛴螬和蜜罐蚁菜肴,但关于这些昆虫美食及其环境的诸多本土知识尚未得到多数人的认可。

巴西

巴西的昆虫美食不算特别出名,虽说许多亚马孙原住民会食用昆虫,但走出这些部落,就会发现食虫者寥寥无几。唯一的例外是塔纳朱拉(*tanajura*),或称伊萨(*iça*),属切叶蚁的一种,巨首芭切叶蚁(*Atta cephalotes*)是诸多农村地区的时令美食。春雨过后,短时间内,巨大的泥土蚁巢中钻出一只只长有翅膀的雌性切叶蚁,它们将会建立全新的蚂蚁王国。食蚁老饕冒着被兵蚁叮咬的风险,采集地面上的塔纳朱拉,通常是迅速抓住它们的翅膀,把它们放入桶内。在厨房里,老饕会把它们洗干净,之后掐掉腿、头与翅膀。接着将眼馋已久的蚂蚁腹部放入猪油或黄油中煎炸。等到它们变酥变脆且熟透后，加入干木薯粉与其他配料，烹制出广受欢迎的巴西菜肴——脆酥木薯粉（*farofa*）。

中国

在中国，食用与药用昆虫的记录可追溯至数千年前。昆虫学家已经在中国鉴定了超过178种可食用昆虫，其中大部分属于三个目：蝴蝶和飞蛾（鳞翅目）；甲虫（鞘翅目）；蜜蜂、胡蜂与蚂蚁（膜翅目）。尽管当今中国各地的市场和餐馆中，常见的可食用昆虫达数十种，但其做法因地区而异。众多地区食用蚂蚁与蜜蜂，但食用蚕蛾蛹传统上与江苏省和浙江省关系密切，而食用巨型水蟑螂（龙虱）仅限于广东省。

希罗多德的格言"以食为药，药物即食物"，充分体现了中医原理。黑蚂蚁，或称双齿多刺蚁（*Polyrhachis*

vicina Roger），被视为中国最重要的可食用昆虫，[6]尽管相较于一道美食佳肴，也许可以认为它更像是一种营养补充剂或保健食品。利用互联网快速检索一下，便可发现，许多公司都打着五花八门功效的旗号，销售中国"山地黑蚂蚁"粉和滋补品，诸如治疗性功能障碍、脱发，提高运动耐力与注意力等。食用黑蚂蚁是为养生之道，持之以恒有望延年益寿。[7]在中国经典中医书籍《本草纲目》中，李时珍（1518—1593）指出，黑蚂蚁具有"益气泽颜、延缓衰老、补肾壮阳"之效。现代科学根据为其潜在功效提供了一些解释。一些多刺蚁分泌的蚁酸是天然的抗生素，而另一些多刺蚁分泌的蚁酸则具有显著的抗炎特性。近年来，有化学分析表明，双齿多刺蚁的确是一种保健食品，富含氨基酸和矿物质。[8]

在传统中药中，东亚钳蝎，或称马氏中杀牛蝎（*Mesobuthus martensii*），同样占据重要的一席之地。过去依靠从野外捕获野生蝎子，但目前大多改为养殖，是中国南方的一种小零食。在熙来攘往的夜市上，

制作黑蚂蚁药酒,中国贵州肇兴侗寨。

在北京王府井售卖的蝎子与其他珍馐。

迷人的"反派"
可食用昆虫小史

论吸引游客眼球，蝎子最有可能在众多小吃中脱颖而出。被穿在扦子上的它们还会不停蠕动，快速过一遍热油后便能端上桌食用了。虽然它们的尾针令人望而生畏，但是高温可中和其毒素。据说其滋味类似于软壳蟹。

印度

在印度，食用昆虫是古老的传统，许多印度原住民，如阿迪瓦西人仍保留这一传统，且至今在东北部各邦仍然很普遍。[9]例如，那加兰邦的一项研究发现，该地区拥有100多种昆虫，隶属9个目32个科，在当地民众的营养物质中扮演着至关重要的角色。蜻蜓、蚱蜢、蝗虫、蟋蟀、椿象、蚂蚁幼虫、蜜蜂以及黄蜂幼虫，都在可食用昆虫之列，然而，不同部落的那加兰邦人偏好的昆虫与烹制做法都截然不同。采集黄蜂幼虫需要对蜂巢下手。虽然蜜蜂、黄蜂及其幼虫均可生吃，

在印度东北部售卖的金环胡蜂（*Vespa mandarina*）蜂巢。

迷人的"反派"
可食用昆虫小史

但大多数昆虫烹制做法都是煮、烤或油炸，佐以当地的香料，如大蒜、生姜、发酵的竹笋与漆树粉。那加兰邦人世代为农，他们可以从自家田地里采获大量蚱蜢与蝈蝈，将其晒干或熏制，保存下来以供全年食用。[10]

日本

在现今的日本，食用昆虫的情况难得一见，而且主要局限于中部山区，一些村民在山区里捕猎、采集及食用黄蜂的幼虫和蜂蛹。人们喜爱几种黄胡蜂属幼虫，将其视为秋日的一道美味佳肴，称为"蜂之子"（*hachinoko*，蜂蛹），但黄蜂巢穴埋藏在地下难以找到，必须用精湛的技术才能在避免被蜇伤的同时采获它们。[11]

当地人想到了一种巧妙的方法用来寻找蜂巢，称为"追猎"行动，需要所有亲朋好友参与其中。首先，恰逢一年正当时，猎蜂人会在森林中留下气味浓烈的

在日本售卖的蜂之子（黄蜂幼虫）。

迷人的"反派"
可食用昆虫小史

肉串作为诱饵。当黄蜂工蜂上钩时，猎蜂人会给它一个和蜂体大小相近的肉团，上面系着一条小小的丝带标记物。若黄蜂抓住肉团，就会带着上面的标记物一起飞回蜂巢。追逐战随之展开，猎蜂人与助手们一路尾随标记好的黄蜂，攀上岩石、爬上树，一路追着黄蜂直奔蜂巢。若他们找到了蜂巢入口，就必须先用烟雾熏一熏，让里面的黄蜂失去活力。随后，技艺精湛的采集者穿上防护服，挖走整个蜂巢。

若蜂巢还不成熟，人们可能会将其放进一个特殊的房子里，照顾喂养黄蜂幼虫，等待丰收的时机。一旦蜂巢成长到满意的程度就能收获回家，猎蜂人全家会小心翼翼地将幼虫和蛹一个一个地取出来，这过程十分耗时。幼虫的常见做法是加入酱油煮熟或炒熟，然后与大米混合在一起。在一年一度的收获季，会举办黄蜂美食节。

另一种昆虫特产，来自长野县，可追溯至江户时代（1603—1868）。在天龙川上游，渔民采集了数

一名黄蜂猎人用一块带有标记物的肉，吸引来
一只黄蜂工蜂，日本中部的岐阜县。

迷人的"反派"
可食用昆虫小史

种昆虫的水生幼虫，这些幼虫属于广翅目与毛翅目（石蚕蛾）。当地人把这些小幼虫统称为"喳喳虫"（*zazamushi*），这些幼虫栖息在河底岩石之下。在12月至次年2月，当水位较低时，渔民们便会用装有竹架的渔网捕捉飞蚕。用温水清洗幼虫，然后一般会加入酱油、白糖烹制成浓味食品（佃煮）。

墨西哥

墨西哥无疑是西半球昆虫美食的中心地带，墨西哥农夫一贯喜好的昆虫多达549种，而我爱吃的彝斯咖魔就是其中的一员。昆虫美食拥有深厚且丰富的文化历史，可追溯至前西班牙时代。在多年的殖民影响下，其中一些传统已然泯没或被人抛却，但许多农家人与原住民部落仍继续采集、食用昆虫，食用昆虫早已成为其饮食与文化的重要组成部分。农村民众代代相传昆虫美食的传统知识，农民会利用包括昆虫在

喳喳虫(石蚕蛾幼虫)佃煮。

迷人的"反派"
可食用昆虫小史

内的本土食物，来补充日常饮食营养。但是，岂止资源有限的人爱吃这些美味资源——许多昆虫食物深受社会各阶层的喜爱。在瓦哈卡州，研究人员发现，登上当地人餐桌的昆虫至少有78种。有些人生活在最贫穷、最干旱的地区，有些人生活在沿海地区，背靠海洋，拥有更优质的土壤，这两类人并无二致，都在充分利用土地给予的资源。[12]

许多本土食物深受社会各阶层喜爱。例如，胡米利斯臭虫是一种椿象，原产于墨西哥格雷罗州和莫雷洛斯州。胡米利斯臭虫有它们自己的节日，那就是11月1日的圣胡米利斯节。阿兹特克人发起的庆祝活动一直延续至今，塔斯科市的居民每年都会前往该市北部的汇克斯特科山（*Cerro del Huixteco*）朝圣与采集昆虫，并在山上建造了一座寺庙以表纪念。当地人认为胡米利斯臭虫具有止痛和麻醉的特性。它们既能生食，也能搭配黏果酸浆与胡椒，一起磨成莎莎酱（辣番茄酱），搭配玉米卷饼烤来吃。它们有种独特的甜

用于制作墨西哥玉米卷饼的龙舌兰虫，墨西哥瓦哈卡州。

迷人的"反派"
可食用昆虫小史

味与苦味，有些人认为其"具有药效"，部分原因是其富含碘。

在一些墨西哥昆虫美食中，最抢手的当属红色或白色的龙舌兰虫，其实它们都是毛虫。二者同为幼虫，有时会把它们塞进瓶装梅斯卡尔酒里，但往往是做成油炸零食。红龙舌兰虫，是一种蛾类的幼虫，以多汁的龙舌兰叶子为食。红龙舌兰虫被用来制作虫盐（*Sal de Gusano*），在饮用梅斯卡尔酒的传统方式中，会配上虫盐与酸橙。而白龙舌兰虫，或称龙舌兰蚕，是美大弄蝶的幼虫。这些毛虫的大本营在墨西哥特拉斯卡拉和伊达尔戈的东北部地区。

泰国

在泰国，昆虫是至关重要的食物。传统上，泰国北方和东北地区的少数民族食用昆虫，但如今，泰国各地都能找到多种昆虫美食，而且广受众人喜爱。泰国的可食用昆虫（蜘蛛和蝎子）多达200种。虽然大部分昆虫仍然依靠野外采集，但也有一些昆虫，如蟋蟀和红棕象甲，是为繁荣国家的昆虫养殖业而饲养的。

20世纪30年代，英国博物学家威廉记录了一些传统的泰国昆虫美食，泰国人与老挝人娴熟采集昆虫的方式给S.布里斯托留下了深刻的印象。[13]

例如，黄猄蚁，又名织叶蚁（*Oecophylla smaragdina*），能造出网球或足球大小的厚巢。人们将蚁巢浸入水中，或用杆子与篮子，从蚁巢里采集蚂蚁蛹。

蝉是人们运用娴熟技巧采集而来的另一种传统美食，据S.布里斯托记载，捕蝉人夜间聚集在火堆旁，快速相击竹棍，模仿雄蝉交配时发出的叫声。大量雌蝉受到"雄蝉"的引诱会飞落地面，这就便于捕蝉人进行收集。

在泰国和整个东南亚的美食中，最有趣的当属印度田鳖（*Lethocerus indicus*），它形似蟑螂，身长可达5—7.6厘米（2—3英寸）。这些虫子可直接食用，也可

由树叶和幼虫丝编织而成的黄猄蚁巢。

印度田鳖。

迷人的"反派"
可食用昆虫小史

用作调味料。雌性体形较大、肉质较多，烹饪方法往往是蒸炸。享用之时，需先扯下它们坚硬的外翼，再将头部与腹部扯开，之后就能从这两个部位中吸出虫肉。而雄性体形较小，因其浓郁的味道而受人追捧，这归功于其用于吸引雌性的信息素。人们形容其味道类似于戈贡佐拉奶酪、甘草糖或浸了盐水的酸苹果。

美国

相较于热带地区，北美洲（墨西哥北部）的可食用昆虫较少。欧洲殖民者到来之前，对西部与西南部地区的美洲原住民而言，有数种昆虫占据着至关重要的地位。库刺阿迪卡阿（Kutzadika'a），意指"食蝇者"，这一小群狩猎采集者生活在莫诺盆地，位于莫诺湖盐滩附近。他们在浅水处与湖岸采集碱蝇（*Ephydra hians*）蛹。

碱蝇成虫把卵产在水里，当幼虫破卵而出时，它们会附着在岩石上，互相猬集形成巨大的浮动体。处于成蛹阶段时，它们会离开群体动身朝岸边移动，一般借助微风、波浪的推力冲上岸，沉积在岸边。对生活在盐湖附近的人而言，此时可以采集到大量的碱蝇蛹，或称库特萨维（*kutsavi*），无须进一步烹制就可食用，或储存数月。探险家兼政府探员J.罗斯·布朗是一位观察者，他于1865年9月前往莫诺湖，并写道：

幼虫沉积物约两英尺高，三四英尺厚，如巨大的边缘延伸到湖岸周围……莫诺印第安人从中获取了丰硕的生存资源。在阳光下晒干碱蝇蛹，并且将其同橡子、浆果、草籽与其他食物混合在一起……他们将制作出的混合物命名为库查巴（*cuchaba*）……一种面包。这些印第安人认为，利用蛹自身富含的油脂直接煎炸，这样便能做出一道珍馐美味。若由手艺好的厨师正确烹制，它们吃起来就像猪肉"脆皮"。生活在莫诺湖岸边，不存在饿死的危险。当地居民或许会受困于大雪，或因洪灾而流离失所，或被原住民部落切断与外界的联系，但他们总是可以依靠那片湖滩来获取"肥肉"。[14]

采集库特萨维已成历史，随着欧美人定居在莫诺盆地，在当地启动采矿，最终迫使库刺阿迪卡阿人背井离乡。现今，一小群后裔正奋力争取联邦政府承认其部落的权力。

津巴布韦

在许多非洲国家，食用昆虫仍然十分盛行。在刚果民主共和国、中非共和国、喀麦隆、乌干达、赞比亚、津巴布韦、尼日利亚以及南非，食用昆虫就是家常便饭。在津巴布韦，可乐豆木毛虫是最受欢迎的昆虫美食。在津巴布韦、博茨瓦纳以及南非，采集、买卖可乐豆木毛虫已形成一条产业链，规模达到数百万美元。

在树上的可乐豆木毛虫。

迷人的"反派"
可食用昆虫小史

市场上的干可乐豆木毛虫。

遍布非洲南部的可乐豆木毛虫是帝王蛾（*Gonimbrasia belina*）的毛虫，主要以可乐豆木为食。成熟的毛虫非常大，长达8—10厘米（3—4英寸），必须人工从树上摘下来。采集可乐豆木毛虫一般是妇女与儿童的工作，而男人通常从事昆虫买卖。在一棵可乐豆木毛虫寄生数量一般的树上，一个娴熟的采摘者每小时可以采摘18公斤（40磅）毛虫。烹制它们的方法是捏住毛虫的一端，然后挤压虫体，排掉其绿色的内脏。然后将它们放入盐水，煮至熟透后，晒干。还可以熏制、腌制或油炸。晒干后装袋，在市场上能卖个好价钱。因此，这些毛虫足以成为农村家庭可靠的收入来源。

非洲大部分地区的农村贫困人口的营养供给与生计离不开可乐豆木毛虫，因此它们的需求量很大。若采集毛虫时过于图快，极有可能导致树枝断裂，损坏树木。而可乐豆木浑身是宝，可以用作燃料、建筑材料及药物。若不实施可持续性管理法，那么随着对可乐豆木产品的需求量与日俱增，再加上气候变化，可能

迷人的"反派"
可食用昆虫小史

会迅速耗尽可乐豆木林地。[15]

昆虫烹饪法

以上列举的几个实例，只是暗示了昆虫的多种营养和药用价值，以及它们所提供的烹饪机会。昆虫不仅不是最后的应急食品，相反，因其营养丰富、风味独特而受到世界各地的青睐。传统上利用这些资源的原住民与农家人对昆虫生态学、生命周期、采集和饲养方法以及烹制和利用方法都有所了解。能否恢复与保留这些知识取决于大众是否给予原住民粮食主权及其文化遗产相应的尊重。

身为美食家的读者也许会惋惜，如今在城市市场上，遇到的大多数可食用昆虫只经过简单烹制；它们既能生食，又能煮、烤或油炸。昆虫烹饪的同质化也许反映了昆虫美食已一脚迈进商品化与市场化的世界，无法再准确展现传统的烹饪方法。毕竟，晒干、油炸的昆虫吃起来既方便，又能填饱肚子，是一种受欢迎的街头美食或小吃，即使油炸后的它们最终尝起来特别像油渣。

S.布里斯托在泰国旅行时，记录了一段不可思议且刺激的叙述，我以这一段叙述收尾，以对比商品化与传统烹饪的不同。他描述了一道极尽巧思的菜肴，厨师是素攀附近的森林居民。食谱的开头便是将一只长尾叶猴的内脏取出，用酸橙叶和其他草药塞满其空荡荡的腹腔，然后缝住切口。接下来，用取自白蚁丘内部的黏土糊满整只猴子，然后把裹好的尸体挂在树枝上，下面放一个盘子。滴入盘中的汁水被称为"猴子酱"，备受老饕推崇。他继续写道：

　　猴子会在树上挂一两周，之后……开始出现一些蛆，掉落在盘子里……当没有蛆往下掉时，厨师会切开残骸，在里面能找到两到三种不同的肥大蛆虫。从描述来看……这是甲虫幼虫。有多少幼虫就收集多少椰子。

加热椰壳，在顶部钻一个洞，待椰汁冷却后，往每个椰子中放入一只幼虫。用白蚁巢湿黏土封住钻孔，再拿布包裹椰子，接着再用白蚁巢湿黏土封住整个椰子。将椰子"木乃伊"储存约三周，当它开裂时，便能发现一只橘子大小的白色幼虫几乎填满了椰子内部。可以从售价看出，这道佳肴有多么美味……对这些农家人而言，这可是一大笔钱。[16]

遗憾的是，S.布里斯托无法确定这个昆虫的种类，也无法给这个错综复杂的美食烹饪故事补充其他的重要细节。虽然这个例子肯定很罕见，但也证明了想要烹制某些传统的昆虫菜肴，必须有广博的科学知识与技能，可惜大部分知识已遗失在岁月长河之中。此外，目前在泰国城市流行的昆虫烹饪法（油炸）并不属于传统烹饪的一部分，也不能很好地代表传统烹饪法，甚至无法展现出在烹饪方面的潜在可能性。[17]

正在加工的蚕茧, 越南。

Edible Insects

A GLOBAL HISTORY

5

饲养小型牲畜

在中国，有一个古老的传说，黄帝妻子即西陵氏，在桑树下品茶之时，意外发现了丝绸。一只茧掉进她的茶杯，并且慢慢散开。皇后被那熠熠生辉的细丝迷住，结果诞生了养蚕业，以及丝绸纺织业。然而，若是把这个传说再完善一下的话，应该这样告诉我们：当蚕丝被抽干净后，皇后从茶杯里拿出熟透的蚕蛹，放进嘴里，然后告诉大家这一口小东西美味又营养。

有数种昆虫的茧可以制成丝绸，但大多数蚕丝来自家蚕（*Bombyx mori*）。虽然许多种昆虫都是人工饲养的，但人类曾经完全驯化的昆虫仅有3种，蚕蛾是其中之一，另外两种分别是蜜蜂与胭脂虫。

驯化犹如一条漫漫长路，使野生动植物更符合人类的利益，以供人类驱使。选择性育种产生的后代具有人类所需的特征。在中国，几千年来，丝绸生产商选择飞蛾的一贯标准是蚕茧尺寸更大、生长发育更快、能在拥挤的圈养条件下生存得更好。控制野生物种的环境是驯化过程的第一步。我们可以养殖（或放养）寻常的家蟋蟀（*Acheta domesticus*），但这些圈养的蟋蟀与野生蟋蟀并无二致。若人类对生殖周期加大控制和干预，就可让驯化进程更进一步。家蚕作为完全驯化的物种，与其近亲野生蛾类（如野蚕）有天壤之别。家蚕已失去飞行能力，完全依赖人类生存。[1]

为什么人类不驯化更多昆虫，这是一个复杂的问题，但大多数的昆虫种类根本不宜驯化。[2]可驯化的种类必须能在圈养环境中容易繁殖，且生长速度较快，这样饲养它们所获得的利益才能远大于其维护成本。具有以上特点的动物种类寥寥可数——只有14种哺乳动物。这3种已驯化昆虫本身的产品价值远高于其食用价值，但其营养益处也不容忽视。

蚕蛹

丝绸生产的最早证据可追溯至8500多年前，在中国河南省的贾湖，考古学家在出土墓葬中发现了骨针、原始的编织工具和蚕丝的生物分子证据。[3]蚕蛾几乎只吃桑树叶子，所以养蚕需双管齐下，栽桑养蚕缺一不可。

蚕卵孵化后，必须持续给蚕（蛾幼虫）投喂切碎的新鲜桑叶。它们会一个劲儿地吃，直到进入蛹期，此时，它们开始吐出长长的蚕丝蛋白，编织成蓬松的白色蚕茧。如果等蚕蛹破茧而出，那么宝贵的蚕丝就会受损。因此，生产者选取成熟的蚕茧，将其放入热水中，让纤维变得松散，之后抽丝剥茧，把丝缠绕到线轴上。在这个过程中，茧内的蛹熟透并被剩下。

按照传统，在中国，女人负责丝绸生产。男人照料桑树，女人则照管、加工蚕茧，纺织蚕丝线。劳动中的小奖励便是能吃到取之不尽的零食——蚕蛹。1947年，

《旧中国日常生活》，蚕丝加工，版画，艺术家不详，1927年前。

美国经济昆虫学家W.E.霍夫曼在中国广州岭南大学工作，曾经这样描述过：

在缫丝过程中，姑娘们会将蚕茧放入滚烫的水中，于是每天都有大量的新鲜熟食成了腹中餐。在这连轴转的快节奏工作中，她们看起来整天都在吃个不停——面前一直摆着煮熟的美味小零食。经过缫丝厂时，一股令人愉快的香味扑面而来。[4]

制作450克（1磅）蚕丝需2000—3000个蚕茧，因此蚕蛹是蚕丝生产过程中取之不尽的副产品，可以在小吃摊上打开销路。据博登海默所说，中国农村的桑蚕养殖是季节性产业，但人们加工蚕蛹是供全年享用：

春蚕茧经烘烤，或以食盐腌制保存……从烘烤后或盐渍后的茧中取出蚕蛹，放太阳下晒干，可以储存起来供全年享用。蚕茧经烘烤后，里面的蛹会更美味，也最受欢迎。食用时先把蛹放水里软化，然后配上鸡蛋，煎成蚕蛹蛋卷，或者简简单单地配上洋葱和酱汁一起煎。它既是家常便饭，又是宴客时的一道佳肴。[5]

如今，在中国和越南的商店和菜单上，都能发现蚕蛹的身影。在韩国，它们是战争时期至关重要的食物来源，至今仍是常见的街头小吃，人们将其煮熟调味后出售。在日本，蚕蛹一般被加工为佃煮，一种用酱油和糖煮成的酸甜口味小吃。

蚕蛹吃起来味道如何？对此可谓众说纷纭。有人形容它们的味道是鱼腥味、霉味、土味、坚果味，口感像生肉和土豆；还有人说它们味道很清淡。艾米·赖特（Amy Wright）在散文集《我打算去吃虫子》（*Think I'll Go Eat a Worm*, 2019）中描述，她尝过的罐装蚕蛹就像"泡在甲醛之中一口大小的火鸡肝脏"。根据不同的烹饪做法，蚕蛹表皮可能是酥脆的，也可能是

迷人的"反派"
可食用昆虫小史

奶油咖喱汤里的蚕蛹、黄粉虫、酸橙以及磨碎的花生。

很耐嚼的。在奶油咖喱汤中，它们就极有嚼劲，尝起来很有"野味"。

蜜蜂幼虫

在大约2万种蜜蜂中，全世界现仅存11种蜜蜂，其中仅有两种——西方蜜蜂（*Apis mellifera*）和东方蜜蜂（*Apis cerana*），被认为是完全驯化的。迄今为止，在全世界的商业养蜂业（蜜蜂养殖）中，西方蜜蜂最为常见，也是当今最具经济价值的物种，在为农作物授粉的过程中，产生了众多副产品（蜂蜜、蜂蜡、蜂胶、蜂王浆）。

然而，一些生物学家争论的焦点是，西方蜜蜂是一个完全驯化的物种，还是仅仅是一个被管理的物种。养蜂本身无须驯化，简言之，养蜂人不过是在便于采蜜的地方，为蜂群创造了有利的空间和条件而已。饲养无刺蜂可追溯至玛雅文明时期，至今在中美洲、南美洲以及澳大利亚仍有人在养殖。驯化程度的另一个衡量标准是为扩大产量而有计划地对蜜蜂进行选择性育种。西方蜜蜂一直受人关注的原因在于，与蚕蛾不同，西方蜜蜂仍然能与野生近亲繁殖，而且时常会恢复野性（因此，蜂群经常出现在不该出现的地方）。[6]

尽管我们一般只把蜂蜜当作食物，但直到最近才认识到蜜蜂也是一种食物。而在北美西部、南美、亚洲和非洲的文化中，某些种类的蜜蜂（和黄蜂）早已进入人类的食谱。不论是蜜蜂幼虫还是成虫，都是当地人眼中的美食，正如我们在印度和日本看到的实例。

如今，一些研究人员提倡食用蜜蜂幼虫，将其作为一种可持续的蛋白质来源。此外，这对美国的蜜蜂种群有好处。美国的蜜蜂种群数量正在不断下降，其部分原因出自瓦螨（大蜂螨），它会寄生在幼虫巢中。减少雄蜂（不育雄蜂）的巢房数量，养蜂人便能借此控制螨虫寄生数量，而且雄蜂蛹也是一种高蛋白食物。蜜蜂幼虫的蛋白质比例与质量同牛肉不相上下。[7]据说，煮熟、干燥后的蜜蜂幼虫和蛹有坚果味，许多国家视其为美味佳肴。

虽然我多次向我所在居住地的养蜂协会提出请求，希望有人愿意同我分享他们的幼蜂，至今未能如愿，但有一位养蜂人与我分享了她采割与食用蜂巢的经验。鉴于公众对蜜蜂的普遍喜爱，对于持高度怀疑态度的西方消费者而言，相比其他昆虫，也许蜜蜂幼虫可以成为他们开启昆虫美食大门的钥匙。

胭脂虫

胭脂虫是介壳虫的一种，以仙人掌为食，是制作胭脂红的原料。胭脂红是一种红色染料，应用于食品、化妆品及纺织品。胭脂虫原产于中美洲与南美洲，自前西班牙时代以来，墨西哥与秘鲁就已开始采集、利用胭脂虫。它是17世纪具有经济价值的全球贸易项目之一。相比欧洲当时的染料，胭脂虫的颜色更为鲜艳，成为英国陆军红衫军红色的来源。然而，由于合成替代品的发明，在19世纪，胭脂红产量下降，但在20世纪，因消费者追求天然染料，胭脂红产量再次激增。

传统上，胭脂虫是从仙人掌上刮下来的。如今，虫农会收割胭脂虫赖以生存的仙人掌叶，然后将叶片挂在温室里。胭脂虫采集期到来时，虫农从叶片上刮下它们后集中进行干燥处理，然后粉碎成末，就能变成一种色彩鲜亮的染料。与水混合时，可变化出不同色调的粉红色和红色。大约70万只胭脂虫才能制造出450克（1磅）胭脂红染料。现今规模最大的胭脂红生产国是秘鲁、墨西哥与西班牙。

胭脂红是极为鲜亮且稳定的天然着色剂，大量食品与饮料中都有其身影。它可能会引起少数人的过敏反应，但不会像某些合成红色染料那样对健康有害甚至有致癌性。[8] 2012年，胭脂红一时之间被推至风口浪

涂在妇女手上的胭脂红，可用于染线。

迷人的"反派"
可食用昆虫小史

干胭脂虫。

从寄主植物仙人掌上采集胭脂虫，水彩画，收藏于
西班牙塞维利亚西印度群岛综合档案馆，1620年。

尖。当时，纯素食主义者抗议星巴克在草莓星冰乐和其他产品中使用胭脂红。在此之后，星巴克不再使用胭脂红，转用其他天然染料。[9]

半养殖

虽然人类完全驯化的昆虫寥寥可数，但是半驯化或半养殖的昆虫种类为数不少。半养殖指的是，人为控制昆虫繁衍生息的关键环节，以此提高昆虫的繁殖率，供人类使用。从简单的行为（如割下树皮）以提高树被昆虫寄生的可能性，到圈养昆虫的完全养殖，这一系列行为都属于半养殖的范畴。诸多著名的历史与当代案例都说明了人类与昆虫的这种关系。学者们对这些昆虫养殖法的兴趣与日俱增，若能找到生产昆虫食物的可持续方法，也许能为农村人口粮食安全与经济发展打开突破口。[10]

阿瓦乌特勒

阿瓦乌特勒（*ahuautle*），或称"欢乐之源"（seeds of joy），是一种珍贵的阿兹特克族美食。阿瓦乌特勒是几种水生蝽类的卵，人们将这几种昆虫称为划蝽（water boatmen，属于划蝽科和仰泳蝽科），将成虫称为阿哈雅卡特尔（*axayácatl*）。[11] 现今，这种美味十分罕见，而且价格高昂，所以它们有时被称为"墨西哥鱼子酱"。然而，在16世纪中期，阿瓦乌特勒多如沙海。博物学家弗朗西斯科·埃尔南德斯（Francisco Hernández）曾关注生活在特斯科科湖沿岸的人们采集、加工与食用这些划蝽和其他水生昆虫的情况：

阿哈雅卡特尔的卵看上去像罂粟籽……要想采集到它们，需要把松散扭曲的长绳抛进湍急的湖中，这些绳子粗如人的手臂或大腿。"虫蛋"随波逐流，翻滚着粘在绳子纤维里，然后"渔夫"从上面收集"虫蛋"，

仰泳蝽或划蝽漂浮在池塘水面上。无数虫卵才能做出一道阿瓦乌特勒，这些卵来自仰泳蝽科和划蝽科中的一种蝽类。

储存在大容器里。用虫卵做的玉米粉圆饼（tortilla），在外观上和普通玉米饼很像。也可以把虫卵团成丸子，"渔夫"将其称为玉米粉蒸肉（tamale）……还有另外一种保存方法，就是把虫卵分成小份，用玉米苞叶包起来烤或煮。[12]

一张1550年的特斯科科湖地图表明，阿兹特克人用芦苇当作界线把湖面分隔开，并且利用浅水区饲养水生昆虫的卵。[13]进入19世纪，有人目睹阿兹特克人在湖的浅水区按间距一米左右排列出一束束的芦苇，再绑上石头将其沉入湖底，吸引雌虫把卵产在上面。几周后，就可以从湖中捞起附满"虫蛋"的芦苇束，晾干芦苇束就能很容易地将这些"虫蛋"抖落到一块布上。用这种方法能采集到大量（准确地说，是以吨为计量单位的）虫卵。磨碎之后同鸡蛋混合在一起，做成油炸蛋糕在市场上售卖。[14]

迷人的"反派"
可食用昆虫小史

象甲幼虫

象甲幼虫是多种甲虫（象甲科）的幼虫，在热带地区随处可见。无论是在历史上还是在现下，都有许多当地人为吸引象甲幼虫寄生，会特意砍伐棕榈树。霍迪人（*Joti*）是委内瑞拉亚马孙地区的自耕农和采集者，懂得如何有效利用各种象甲虫。为了产出更多优质的棕榈象甲（*Rhynchophorus palmarum*），霍迪人会在棕榈树树皮上切出很深的口子，吸引象甲虫产卵。之后坐等一个月左右，便可一网打尽这些象甲幼虫。从巴拉圭到巴布亚新几内亚西部地区，那里的森林居民无一例外，都采用了类似的方法。棕榈树可以提供水果、淀粉和建筑材料，还可以增加棕榈象甲幼虫的产量。[15]

有些人单单把棕榈树用于农业（生产棕榈油、枣），或将其当作观赏植物，所以非常害怕棕榈象甲，因为它们会破坏种植园和景观。可在东南亚，当地

上图：可食用的红棕象甲幼虫。

下图：红棕象甲成虫。

迷人的"反派"
可食用昆虫小史

人会为了获取食物和提高收入而养殖棕榈象甲。例如，在泰国南部，农民会把菜棕的树干部分切成段，然后在每段上钻孔来饲养红棕象甲（*Rhyncophorus ferrugineus*）。把象甲成虫放进树干中，并用树叶盖上坐等6周，便能收获象甲幼虫。这种幼虫美食富含营养，而且深受好评。一些机构正在探索大量养殖昆虫技术，如集装箱养殖象甲幼虫技术。[16]

食客形容新鲜的象甲幼虫生吃起来质地如奶油，带有木质香气和甜味，煮熟或油炸后，吃起来自带坚果或培根的香气。我从泰国海淘了一些脱水象甲幼虫，吃起来很有嚼劲，味道类似于葡萄干。

悉心照料毛虫

许多蝴蝶和蛾（鳞翅目）的可食用毛虫也能进行人工养殖，这些幼虫美食在非洲极其抢手。据报道，仅在刚果民主共和国就有40多种可食用的毛虫。为了便于观察与采集成熟的毛虫，当地人会购买未长大的毛虫，或将食叶性毛虫迁移到靠近住宅的合适的树木上。其实当地人为提高毛虫产量，遵循了一些管理森林的经验，可以参考可乐豆木毛虫的例子。有些人一心想要增加毛虫产量，可能会种植特定种类的寄主树木，或通过焚烧手段干预树木或昆虫种类，借此保留树叶上的蛾卵和地下的蛹，或者保护特定的繁殖地。[17]同时，为何时以及如何收集毛虫制定相关的社会规章，这同样有助于维持较高的昆虫数量。

在布基纳法索，夏洛特·佩恩和她的同事为了帮助该国抗击营养不良，一直在探索增加毛虫利用面的方法。[18]非洲酪脂树毛虫，又名乳木果树毛虫（*Cirina butyrospermi*），顾名思义，它以非洲酪脂树为食，这种树遍布于非洲西部与撒哈拉以南非洲地区。妇女和儿童采集树上的坚果，用来制作乳木果油。非洲酪脂树用途广泛，兼具食材与化妆品的功效。每当雨季到来，一大群毛虫突然出现在树上。当地人把这种毛虫叫作

用非洲酪脂树毛虫（或称乳木果树毛虫）制作的三明治，非洲布基纳法索。

"*chitoumou*"，是备受欢迎的美食。除了大快朵颐之外，为了贴补家用，当地人还会把毛虫拿到市场售卖。由于"*chitoumou*"生长季很短，而且只吃非洲酪脂树的叶子，因此，想要制订出高产量养殖方法，可是个不小的挑战。[19]

昆虫商业化养殖

长期以来北美地区一直养殖诸如蜡虫（螟蛾科）、蟋蟀（蟋蟀科）和黄粉虫（*Tenebrio molitor*）等昆虫，以前作为宠物食品、鱼饵及其他动物的饲料，直到最近才有人开始养殖人类可食用的昆虫，并向市场推出了一些以昆虫为主要成分的食品。20世纪90年代，大多数美国人只能买到一种商业化生产的昆虫食品——Hotlix棒棒糖，它被誉为美国"可食用昆虫糖果的先驱"。拉里·彼得曼（Larry Peterman），于1986年在加利福尼亚州的皮斯莫海滩买下了一间糖果店，就是现

Hotlix棒棒糖，嵌有昆虫的硬糖或糖果。图中嵌有的是蟋蟀和蚂蚁。

今的Hotlix公司，当时以肉桂糖果而为人所熟知。虽然彼得曼对可食用昆虫饶有兴趣，但是推出的首个昆虫产品却特立独行。公司的旗舰产品是龙舌兰味棒棒糖，里面嵌有一条面包虫。后来，公司还在棒棒糖里加入了蟋蟀和蝎子。

如今，在美国和欧洲市场上已涌现出诸多昆虫美食。比利时公司——甲虫啤酒（Beetles Beer）公司推出了一种用昆虫调味的啤酒；位于法国的吉米尼斯（Jiminis）公司，主要销售含有整只昆虫和以昆虫为主要成分的零食；一家荷兰与德国的合资公司专营以昆虫为原料的汉堡。安德斯·恩斯特龙拥有一份流动名单，上面记录了可食用昆虫产品与公司。

但正如许多新兴公司不断涌现，又如昙花一现般消失那样，跟上这个行业的步伐并不容易。包括嘉吉和麦当劳等大型农业综合企业在内，投资者对商业化昆虫食品蕴藏的潜力满怀信心，为大规模昆虫养殖一掷千金。但是，正如普通畜牧业生产那样，大规模饲养昆虫也将带来诸如健康、卫生和安全方面的风险。

将养殖昆虫作为食物与饲料的新来源，是以较低的环境代价换取高质量的蛋白质，鉴于2050年世界人口预计将达到98亿，这些昆虫就是我们的救星。随着世界上一些地区的收入水平与日俱增，全球消费者对肉类产品的需求预计也将水涨船高。与此同时，气候灾害也会威胁我们的农业资源与粮食生产能力。相较于传统牲畜，昆虫能够更高效地将饲料转化为肉类。与恒温动物相比，昆虫作为变温动物（俗称冷血动物），能将更多的摄入能量转化为自身体重，因此，仅需很少的能量和资源投入就能养活它们。昆虫可以在拥挤的环境下饲养，所以它们占用的土地同样很少。目前，超过三分之二的农业用地用于畜牧生产（包括动物饲养场地和种植饲料作物）。若考虑整个农业过程——从生产谷物饲料到饲养动物，再到加工和运输其产品——仅畜牧业生产就占全人类温室气体排放的15%。[20]批量生产昆虫也许是生产更多优质蛋白质的

温室气体

畜牧业生产将排放大量温室气体。在全球范围内，其排放量远超于汽车排放量。昆虫养殖更高效、更环保。

鸡肉
300克

猪肉
1130克

牛肉
2850克

蟋蟀
1克

生产1公斤蛋白质平均产生的温室气体

研究提供：联合国粮食及农业组织。
可食用昆虫：食品与饲料安全展望
JUSTINKYLE.NET 为 LITTLE HERDS.ORG 提供的信息图

小小畜群（Little Herds，美国非营利性组织）的信息图，详细说明了各种动物的温室气体排放水平。

迷人的"反派"
可食用昆虫小史

其中一种方法，其造成的环境足迹远小于传统肉类。

　　荷兰瓦赫宁根大学是欧洲可食用昆虫的研究和实验中心，在那里，研究人员开发了早期的商业化养殖方法，并且通过举办活动，如城市昆虫节和昆虫体验节等，吸引荷兰公众食用昆虫。[21]

扩大规模：小型农场和工厂化农场

　　在供人类食用的昆虫养殖领域，蟋蟀一直备受瞩目。泰国是这一领域的先行者，被誉为"蟋蟀养殖之乡"。自数十年前起，凭借孔敬大学的一个项目，目前估计有两万个家庭从事蟋蟀养殖。蟋蟀为成千上万人提供了收入和工作机会，如加工、运输和销售蟋蟀等。

　　泰国大部分蟋蟀农场规模仍然很小，它们提供油炸蟋蟀的原料，售给从事街头食品买卖的批发商和小贩，同时也提供泰国城市流行的其他昆虫小吃。然而，随着大型超市进军蟋蟀市场，城市需求量与日俱

蟋蟀农场，泰国。

迷人的 "反派"
可食用昆虫小史

增，为更大规模的工业化养殖创造了可能性。可食用昆虫食品（Edible Insect Foods, EIF）公司位于泰国清迈，生产出口欧洲的蟋蟀产品。[22]或许是为了促进工业发展以及增加出口机会，泰国近来制定了良好农业规范（Good Agricultural Practices, GAP）标准，以此提高农场卫生标准。[23]

北美生产商也给蟋蟀打包票，认为在人类食用级的昆虫中，它是第一种进行大范围买卖的昆虫。蟋蟀为人类提供精益蛋白质，其味道清淡，可以简单同其他食材搭配。蟋蟀粉（蟋蟀经烘烤后，磨成细粉）目前用于许多加工食品，如蛋白棒、饼干与薯片（薯条），也能作为主原料出售。美国首个获准销售食品级昆虫的蟋蟀农场是大蟋蟀农场（Big Cricket Farms），位于美国俄亥俄州扬斯敦，由青年企业家凯文·巴赫休伯（Kevin Bachhuber）创办。巴赫休伯最初对经济振兴感兴趣，并且把蟋蟀养殖业当作可持续发展的途径。当地的水资源问题最终导致他的农场惨遭关门。但从

蟋蟀意面。

迷人的"反派"
可食用昆虫小史

这以后，另外一大批农场涌现在美国各地，这不足为奇——蟋蟀粉的价格为每450克（1磅）35美元，它比市场上的其他蛋白粉要贵得多。

另一家主要生产商在加拿大，名为恩托莫养殖场（Entomo Farms）。恩托莫养殖场是一家家族企业，以供应爬行动物饲料起家，但在2013年转型，开始生产人类食用级蟋蟀。该养殖场生产空间达5570平方米（6万平方英尺），是北美规模最大的人类食用级蟋蟀农场，[24]其网站上号称，蟋蟀是"地球上可持续性最强的超级食物"。恩托莫养殖场售卖蟋蟀粉、烤蟋蟀和调味蟋蟀，同时还售卖黄粉虫，包括原味版和调味版。恩托莫养殖场还销售一种松脆小吃，原料为"辣椒酸橙蟋蟀"，还能用作沙拉或盖浇饭的浇头。在美国，一包115克（4盎司）的蟋蟀产品售价为24美元。[25]作为北美传统蛋白质来源的替代品，蟋蟀产品可谓非常昂贵。该价格既反映了实际生产成本，也反映了蟋蟀产品的供不应求。

更健康、更绿色的可食用昆虫可以替代传统肉类,但该行业规模仍不够大,不足以向传统蛋白质来源发起挑战。麦吉尔大学的5名学生于2012年创立的Aspire食品集团(Aspire Food Group),将大幅提高蟋蟀产量作为公司宗旨,创业资金是他们斩获的霍特奖奖金,金额高达100万美元。霍特奖是一项著名的学生竞赛,旨在冲击世界上最大的挑战项目。2017年,Aspire食品集团在得克萨斯州奥斯汀建立了全自动蟋蟀养殖设施。产量增加带动成本降低,产品价格也许会下降,这对渴望昆虫食品的消费者来说是个福音。[26] 2018年,Aspire食品集团收购了EXO品牌,这家新成立的公司设立于纽约,是高蛋白蟋蟀粉零食的早期生产商。尽管其声称,环境的可持续发展是销售新的蟋蟀(与其他昆虫)食品的关键节点,却缺乏足够的数据证明这些产品在现实中足够"绿色"。昆虫可能不需要能量来调节自身体温,但在高纬度地区,饲养昆虫需要消耗大量能源的温控空间。

适宜蟋蟀存活的温度为26到32摄氏度（78.8到89.6华氏度），为了养活给人类提供营养的昆虫，需要喂给它们营养丰富的饲料。研究人员发现，只有喂食优质饲料（即饲料主要成分为种植谷物，类似于传统饲养家禽的饲料）才能养殖工业生产规模的蟋蟀。[27]在这种投入要求下，相较于家禽，蟋蟀转化蛋白质的效率相差无几。从环境的角度来看，最好的做法是我们直接食用种植谷物与豆类，而非将其转换成饲料。

其他大规模的昆虫养殖场，其本质上并非用于生产人类食品。在中国，药用蟑螂养殖行业蒸蒸日上，培育药用蟑螂离不开大型室内养殖设施。在四川省西南部就有这类养殖场，其规模为世界之最，这些高科技养殖设施每年存栏高达60亿只。养殖设施使用人工智能控制温度、湿度、饲料供应和消耗，可追踪80种"大数据"。制药企业将蟑螂（美洲大蠊）制成传统中药，这种可以治疗胃痛和其他疾病的药物广受欢迎。根据中国政府的一份报告表明，该养殖场通过销售这种药用蟑螂，创造了6.84亿美元的收入。[28]人们不禁想要知道，若大量蟑螂外逃，会出现什么后果？其实，在2013年，就曾有人破坏过养殖设施，百万只蟑螂从中国东南部某个养殖场逃跑。

黑水虻

如果我们饲养的昆虫能吃人类吃不了的东西，如粪便、啤酒麦芽浆或有毒藻类，这才是昆虫食品真正的环境效益。可以想象一下，这些昆虫清除人类排泄物，同时还是营养丰富的食物和饲料来源该有多好呢？引入黑水虻（*Hermetia illucens*）的前景令人期待。黑水虻成虫是一种蝇类昆虫，通体黑色，遍布全球，体长小于2.5厘米（1英寸）。它们不是害虫，对人类无害。成虫交配产卵，不吃任何东西，体内所有能量都源自幼虫阶段的储蓄。

这种苍蝇的幼虫几乎什么都吃——而且极其贪

吃。它们的一生从卵开始，其大小比黑胡椒大不了多少，从孵化到化蛹的14天内，每只幼虫都会增重一万倍，正如报告所言，"就像8磅重的幼鲸长成了40吨重的座头鲸"。[29]昆虫学家通过数十年的研究发现，黑水虻具有强大的处理废弃物的能力，甚至都能将粪便转化为蛋白质。然而直到近期才发现，要想大规模饲养它们，必须先正确控制养殖环境。这一发现促进了众多养殖设施和商业应用的发展，未来也很有前景。养殖箱可叠放设置，每个养殖箱都能养殖数以百万计的"蠕虫"，每英亩（1英亩约等于4047平方米）的产量远高于其他蛋白质来源。例如，在一年中，一英亩黑水虻幼虫产出的蛋白质远多于3000英亩的牛或130英亩的大豆。

美国得克萨斯州的Evo公司用成吨的废弃酒糟饲养黑水虻幼虫；在中国，JM Green公司每天都用黑水虻处理50吨厨余垃圾。等幼虫成熟时，便可收获，经过干燥、加工所获得的油脂与蛋白粉，可用于各种工

左图：黑水虻成虫。
下图：黑水虻幼虫。

迷人的"反派"
可食用昆虫小史

业产品与动物饲料。它们的排泄物是肥沃的堆肥，可用于景观美化。

虽然对人类而言，幼虫（和蛹）是可食用的，而且它们的养殖者也乐意咬上一口烤幼虫和盐渍幼虫，但在现下，黑水虻幼虫尚未进入人类食用级的商业化养殖，部分原因是担心其取食的废弃物中存在病原体，继而传播给人类。然而，许多国家的食品安全法已逐步允许将黑水虻产品添加到动物饲料之中，喂给供人类食用的动物。在美国，现在已允许家禽和鱼类的饲料中含有黑水虻蛋白粉。黑水虻蛋白粉可减轻我们对传统蛋白粉来源的依赖，如替代鱼粉，减轻渔业的过度捕捞。全球食品体系巨头，包括嘉吉公司在内，都相信黑水虻将来利润丰厚，能为企业带来不小的经济效益。

小小的黑水虻，或许会成为我们的英雄。它们摄取腐坏的厨余垃圾，有助于消耗碳排放，并将厨余垃圾转化为动物性脂肪和蛋白质，最后仅留下堆肥。也许在将来的某一天，我们能吃上黑水虻汉堡包。在此之前，评估昆虫生态效率的研究者指出，只需减少食用所有动物产品，转向以植物为主的饮食，就能最大限度地节约农业资源，并且减少温室气体排放。所以，如果你想采用有益于地球的饮食，那就多吃植物，用蟋蟀取代你手上的汉堡包。你还可以到当地的酿酒厂或啤酒厂，问一问酒厂附近是否有黑水虻养殖场，再喝上一杯酒。

迷人的"反派"
可食用昆虫小史

Edible Insects
A GLOBAL HISTORY

6

尴尬的食虫者

设计师凯塔琳娜·昂格尔（Katharina Unger）构想了一个世界。在这个世界里，即使是公寓居民，也可以饲养昆虫供自己家食用。一台桌面型黑水虻幼虫繁殖机，成为她的432号养殖场，为成虫繁殖和后续幼虫生长提供恒温环境，从而收获作为食物的幼虫，每次收获后重新启动养殖环节。这台不成熟的黑水虻培育机，可以收获大约500克（17.6盎司）幼虫，足够每周吃上两回。她说，到目前为止，她饲养和煮过的幼虫"闻起来有点像煮熟的土豆。外皮紧实，有点儿硬，里面像嫩肉。尝起来有股坚果味，混合着一点肉味"。[1]尽管她的432号养殖场仍在开发中，但昂格尔的桌面黄粉虫农场"蜂箱"（Hive）已通过其香港公司——Livin Farms公司上市。

蜂箱自带8个抽屉、通风系统与过滤器，内置温控

183

等组件，虫蛹放置于最上面的抽屉，当它们长成成虫后就会开始交配产卵，卵则通过抽屉底部的小孔落入下一层抽屉。在下一层抽屉里，卵孵化成幼虫也就是黄粉虫，可以投喂胡萝卜渣、土豆皮之类的厨余垃圾。收获时只需按下按钮，装置启动振动模式从厨余垃圾中分离出黄粉虫，使其直接掉落至最底层的抽屉，通过低温冷冻灭活，然后就可以收获成果。Livin Farms公司估计，一个正常运行的蜂箱平均每周可以生产350克黄粉虫，足够吃上三四顿。

企业家和创新者们正努力说服西方消费者相信，我们有充分的理由去食用昆虫。事实证明，即使是最赞成食用昆虫的潜在消费者，也会发现自己正努力同根深蒂固的"恶心"感作斗争，这些消费者为了获得优质营养与环境效率，理智上愿意将昆虫纳入食谱。这种情况被称为"食虫者窘境"[2]：一个人知道食用昆虫所带来的全部营养益处，也知道食用昆虫的环保益处，但仍然不愿尝上一口。众多昆虫企业指望靠"炒作"昆虫食品的热度,引诱消费者吃下第一口,但也许这是它们的误解。

美味可口

哲学家奥菲莉亚·德鲁瓦(Ophelia Deroy)、厨师本·里德(Ben Reade)和实验心理学家查尔斯·斯彭斯(Charles Spence)都认为,食用昆虫有益于健康和环境这种理由对于促进食用昆虫的效果极其有限,事实已经摆在我们的眼前。[3]我们吃的东西往往不是专家告诉我们应该吃的东西,这种情况并不是教育问题。我们知道相较于薯片,西蓝花更有益于身体,但仍然抵抗不了薯片的诱惑,况且大多数人对西蓝花的抗拒远远弱于昆虫。德鲁瓦和她的合作者认为,要想打动潜在食虫者,必须从他们的感官着手,而非通过理性教育。

举世闻名的诺玛餐厅(Noma)位于哥本哈根,其主厨兼老板勒内·雷哲皮（René Redzepi）赞同这一观点。"假如昆虫难以下咽，除非世界末日来临，没有其他能吃的东西，你才会逼别人吃它们。假如昆虫味道鲜美，那就完全是另一种情况……一切都得和美味相关"。雷哲皮认为，只有当昆虫确实很好吃时，西方人才会接受它们，而且在消费者真正愿意经常食用昆虫之前，还需要在厨房里做很多工作。他说道：

肉类鲜味十足，且富含汁水。油炸过的蟋蟀，虽然很脆，但吃起来没什么味道。有些蟋蟀非常适合替代面包屑：将蟋蟀烘干磨成粉后，给胡萝卜上浆，用黄油一煎金黄可口。可现在，若要把昆虫当作正餐主菜的话，我觉得应该做更多尝试才有把握。此外，还需要推出更多的昆虫招牌菜。假如这些菜肴口感奇佳，才有把握说服别人品尝。[4]

雷哲皮还品尝过蟋蟀以外的多种昆虫，正是这些昆虫的味道，说服雷哲皮与其他厨师去尝试制作昆虫菜肴。

亚历克斯·阿塔拉（Alex Atala）是巴西厨师，同时也是圣保罗著名餐厅D.O.M的创始人，非常认同雷哲皮的观点。阿塔拉小时候曾在自家农场里见识过"亚马孙森林"。后来，他背着背包游遍欧洲，在厨房里工作，最终成为一名受过全面培训的厨师，掌握了传统法餐技巧。回到巴西后，他开始用巴西食材代替欧洲食材，部分原因是他不得不凑合使用手边的食材，但也正因为如此，他越发意识到，巴西本土美食蕴藏的巨大潜力。尽管在高级烹饪中，巴西美食不受重视，并且常常被忽视，但巴西美食本身兼具美味与精致的优点。阿塔拉之所以到处游历，是为了探索其广阔的祖国的味道。一次亚马孙之行让他遇到了多娜·布拉齐（Dona Brazi），这位原住民女厨师来自圣加布里埃尔-达卡绍埃拉市。他品尝了她做的美味佳肴，问道：

"你在这道菜里放了哪些药草?"

她答道,"蚂蚁"。

由于她不太会说葡萄牙语,阿塔拉觉得她没有听懂自己的问题,他重复道,"我想知道你在这道菜里用了哪些药草"。

她完全明白他想表达的意思,"孩子,里面只放了蚂蚁"。[5]

阿塔拉陶醉于蚂蚁那浓郁的滋味,犹如柠檬香草、生姜与小豆蔻。

这些蚂蚁就是切叶蚁,原产于南美洲,是多种可食用蚂蚁种类之一。事实证明,它们如同打开烹饪世界的钥匙一般,打开了阿塔拉的心扉,让他想到其他未知和未充分利用的食材。阿塔拉将这些蚂蚁带到其他国家,用于介绍当地知识与当地食材的价值。来到世界的另一端,在丹麦某次疯狂的讨论会上,阿塔拉与雷哲皮分享了他的蚂蚁,雷哲皮惊讶于尝到的滋

188

巴西厨师亚历克斯·阿塔拉和他的黄金蚂蚁蛋白酥。

切叶蚁。

迷人的"反派"
可食用昆虫小史

味。在使用当地天然与时令农产品推广美食方面，雷哲皮已经位居前列，他开始探索昆虫美食的味道。

在雷哲皮的北欧食品实验室（Nordic Food Lab）里，昆虫计划成为主要研究项目。该实验室是闻名遐迩的烹饪实验中心，发表过《论及食虫》（*On Eating Insects*）一书。这本散文集，文字优美发人深省，由厨师、社会科学家和食品科学家组成的昆虫计划团队撰写而成。在跟随团队环游世界的随笔之中，这本书记下了昆虫所蕴藏的美食潜力。这或许是第一本论及昆虫美食的书，执笔人认真品尝过昆虫的滋味，并将其视为食材瑰宝，认为昆虫配得上世界上最精致的高级烹饪艺术（特指法国传统的烹饪技巧）。你可以设想自己是一位美食家，那么精选的照片和品鉴记录，会激发你一尝昆虫的冲动。书中写道，泰国的荔枝蝽（*Tessaratoma papillosa*）尝起来就像"泰国柠檬、芫荽（香菜）、苹果皮，本身具有香蕉和热带水果的甜香味"，而日本的金环胡蜂尝起来"味道浓郁、肉质饱满、有嚼劲、刺激感十足"。[6]他们还提供了食谱，但大多数不适用于家庭烹饪（除非你习惯于自己制作或发酵鱼露，并且拥有料理机和低温慢煮机）。

雷哲皮、北欧食品实验室成员和阿塔拉等厨师，将昆虫打造成了美食佳肴的配料，借此重新定义了西方与昆虫美食的关系。为了探寻何谓美味，不只为了所谓的能吃、可吃，他们求教于当今世上数十亿人，这些人欣赏昆虫的味道，鉴于传统烹饪方式，知道如何寻找、饲养、烹制和搭配昆虫与其他食材。现今市场上很少有商业化昆虫食品能够充分开发昆虫特色的潜在可能。

并非灵丹妙药

昆虫食品被吹捧为"地球最后的大救星"——解决饥饿和营养不良问题，也是弱势群体发展经济的低门槛途径。[7]毫无疑问，昆虫可以给发展中的地球贡献营养与源源不断的食物、饲料,但它们并非灵丹妙药。这给潜在食虫者带来了另一个窘境:如何确保食用昆虫的潜在益处能实实在在显现出来。

随着欧洲与北美昆虫养殖业规模扩大化,也许会找到更行之有效的繁殖法和环保型饲养方法。但不能理所当然地认为,拥有了这种技术诀窍,就一定能保证昆虫会生生不息,或会为全人类提供更多粮食资源。正如一些评论家指出:

如同其他(所谓的)超级、环保和救星食品(如大豆),同样的事是否会上演在昆虫身上?一旦将它们商品化,使之流通于全球市场,其中部分作为饲料供牲畜食用,部分作为食物供人类食用,它们往往被迫离开原有的文化土壤,归根结底,商品化并没有造福穷人和弱势群体。它们也未必能造就可持续化的生产,尽管它们有潜力做成这些事。[8]

在全球市场上，蟋蟀粉和其他昆虫产品早已十分接近其他食物配料：新奇的昆虫配料用于创造新潮的零食，目标人群只看准了已有多次食用经验的消费者。

对欧洲人和美国人而言，食用昆虫或许过于超前，昆虫美食本身未必能解决可持续生产和减轻饥饿的问题，其根源在于不平等。在世界上的诸多地方，采集、烹制和售卖野生昆虫的人基本上都没有经济实力或政治权力。日益扩大的市场或许意味着机会来到了这些群体手上，但是，也或许意味着他们宁可将这种营养丰富的食物来源换成金钱，也不会食用它们，反而导致营养缺乏的情况进一步恶化。

社会学家安德鲁·缪勒（Andrew Müller）在东南亚记录了昆虫生产和贸易增长的诸多问题。[9]缪勒观察到，在泰国境内，昆虫栖息地丧失，加上城市居民对昆虫日益增加的需求，致使泰国需要从缅甸、老挝和柬埔寨等邻国进口昆虫，在这些国家，昆虫同样是至关

迷人的"反派"
可食用昆虫小史

重要的食物。问题在于，这些邻国的营养不良率远高于泰国。因此，他说，在农家人的粗茶淡饭中，昆虫是蛋白质的主要来源，但最后泰国和其他国家饱食暖衣的城市居民却坐享其成（主要作为零食）。缪勒还记录了柬埔寨临时工从事着单调劳动，他们加工昆虫，赚取微薄的工资，甚至低于最低工资，而这些昆虫产品，将会给本国与国际企业家以及中间商带来可观的利润。将昆虫变为商业化食品，这并不意味着能让那些采集昆虫的人过上更好的生活。

我们为保护自然环境所做的努力，对保护昆虫、生态系统和本土美食而言至关重要。公开透明的买卖与标签说明同样必不可少，这样一来，消费者才得以了解野生食品的产地、采集方法与采集者。若不采取这些措施，世界上的众多弱势群体可能会猛然惊醒，他们自己原本有着平静的生活，可以在粗茶淡饭中加入一些昆虫，现如今全球资本和新兴市场却连他们嘴里的这点昆虫都不放过。

一个食虫者的旅程

在2016年的"底特律食用昆虫"（Eating Insects Detroit）会议上，首次与北美的学者、科学家、企业家以及相关人员，一致聚焦于可食用昆虫的未来。我品尝了一系列以昆虫为主要成分的零食、意面、蛋白粉和肉类产品，这些产品现在愈加普遍，更容易买到。会上的所有产品都很合胃口，但居住在密苏里州的博物学家保罗·兰德卡默（Paul Landkamer）贡献了真正美味的昆虫美食。兰德卡默时常在公开活动中论及可食用昆虫，他还运营着两个脸书（Facebook）群：密苏里州食虫习惯群（Missouri Entomophagy）与密苏里州野生食物群（Wild Edibles of Missouri）。在众多商业化产品中，兰德卡默的小型展示品和满盘的野生食物引起了我的注意。他手里拿着筷子，站在那里同过路者交谈，正要端上一份六月鳃角金龟、蚱蜢、日本丽金龟和毛虫，这些虫子都是他自己抓到的，并且用不同的

以昆虫为主要成分的零食。

密苏里州食虫学家保罗·兰德卡默在野外捕获的可食用昆虫。

迷人的"反派"
可食用昆虫小史

腌汁烹制过。

我尝了尝六月鳃角金龟和日本丽金龟，滋味可口，口感酥脆。我能想象到，若把它们撒到沙拉上会有多好吃。兰德卡默给我寄了一本他的食谱——打印出来的食谱和笔记，长达26页。在美国中西部仲夏夜，六月鳃角金龟总在我家门廊的灯光下飞来飞去，自从尝过它们之后，我对这些讨人嫌的虫子有了不同看法。以前我还从未捕捉过它们，现在，它们也没我小时候那么常见了。不过，我捕捉到了日本丽金龟（一种入侵物种，出没于美国各地），按照兰德卡默的食谱烹制了它们。

我还决定养些黄粉虫尝尝，可我家里没有类似于"蜂箱"这样精致的设备。许多家禽养殖户和宠物主人饲养黄粉虫，当作鸡、爬宠、小鸟以及刺猬的饲料。在他们给我的自制养殖系统提供了多方指导之后，3个带盖子的塑料箱养殖场落成了。这些小虫子需要通风的环境，所以我用美工刀切掉盖子的中心部分，在

煮熟的日本丽金龟，正准备脱水处理。

迷人的"反派"
可食用昆虫小史

切开的口子上，用胶带粘上尼龙窗纱。窗纱可以将其他虫子拒之箱外。用3个箱子分别装不同发育阶段的黄粉虫，不然成虫和幼虫会吃掉发育中的蛹。我网购了拟步甲（*Tenebrio molitor*，黄粉虫成虫），卖家给我寄来一套新手礼包，里面有幼虫（黄粉虫）、蛹和甲虫成虫。每个箱子里都装了几杯燕麦、一些麦麸和一片苹果，就这样，在我家的杂物间里正式启用了微型牧场。这些虫子需要定期维护，但我不嫌麻烦，把蛹拣出来，放进专门放蛹的箱子。拟步甲既不咬人也不蜇人，几乎不怎么飞。我越来越喜爱我家的拟步甲了。每隔几周，就能收获新鲜、绿色的家养黄粉虫。

分拣出成熟的幼虫，冷冻灭活。每当我做饭时，就从冰箱里取出一些洗干净，加盐焯水后，在热煎锅里倒一点葡萄籽油进行煸炒。我承认，看到它们小小的腿和在热油中"蠕动"时，确实有点倒胃口，但其散发出来的香味却十分诱人。放在吸油纸上吸干多余的油，撒上盐和胡椒粉，我毫不犹豫地尝了尝……太好

我的黄粉虫养殖场。

迷人的"反派"
可食用昆虫小史

番茄汤上的家养黄粉虫。

吃了！酥脆，有嚼劲，带有一股坚果味。

很遗憾，我想请朋友们尝尝黄粉虫，但很少有人接受我的邀约。而同事们则在聚餐和共用午餐时，警惕地盯着我分享出去的食物。尽管在可食用昆虫方面，我有了成功的实验和体验，但我自己并不经常吃它们。然而，现在的我对昆虫美食的好奇心越来越强烈，希望未来的旅程能带我去田野和厨房，我会毫不犹豫地在那里参与捕捉、烹制昆虫。

为何要食用昆虫？

对我而言，食用昆虫的最佳理由，也是世人最少论及的理由，至少以我的经验而言，是可以在理智和情感层面上，改变一个人与昆虫的关系。当然，并不是说要想改变对这些小虫子的看法就必须先吃掉它们，但食用昆虫会促使你去思考，思考你吃的是什么，它们来自何处，以及你为何要吃它们。

对昆虫食物感到好奇，而非排斥它们，还能培养尊重的意识，尊重现在（和过去）数十亿食用昆虫食物的人，他们了解昆虫的味道、生命周期、采集与烹制方式。世界多元化的饮食文化，反映出详细的生态知识，随着生物多样性减少和栖息地丧失，这些知识正在迅速消逝。

厨师亚历克斯·阿塔拉使用昆虫和本土食物，不仅仅是贪图它们独特的风味，"在这种风味的背后，代表的是一种文化，而巩固这种文化，也许才是这项工作的主要使命"。[10]阿塔拉创办阿塔研究所（ATA Institute）时，曾经这样说过：

必须修正人与食物的关系。我们必须让知识更融入饮食，让饮食更接近烹饪，让烹饪更接近生产，让生产更接近自然。在整条价值链上开展工作，保护环境的生物多样性、农业生物多样性与社会多样性，确保人人享有优质食物并保护环境。[11]

昆虫是生命之源，在所有生态系统中，是必不可少的存在，但它们正以惊人的速度消失。因农药的使用、城市化和气候变化，近40%的昆虫种群正在走向消亡，其中近三分之一面临灭绝的危险。[12]西方人无须用食用昆虫的方式来拯救地球，但是，我们确实需要保护昆虫栖息地，昆虫灭绝将导致灾难性的生态资源崩溃，我们必须抢先一步，阻止这个灾难。我们必须反思我们与昆虫的关系，因为我们的生活离不开它们！没有它们，我们无法生存。

迷人的"反派"
可食用昆虫小史

Edible Insects
A GLOBAL HISTORY

食 谱

想要成为昆虫厨师，那么第一步便是获取昆虫。对想采集野生昆虫的人而言，当地的昆虫学会将是一座宝藏，有助于他们在没有农药与除草剂的自然区域中，鉴定并找到可食用的昆虫种类。还有众多网购市场，能够提供越来越多经精挑细选后的各类昆虫。这些昆虫是特地养来给人类食用的，它们一般经过脱水或其他加工处理，才得以长期保存，这彻底改变了昆虫的风味和可能的用途。和其他陌生食物一样，人们应该寻求懂行的指导者。千万不要把昆虫美食放在不知情的食客面前，或者试图把它们"偷偷"加入食谱中。每个人都应在自负风险与收益的情况下食用昆虫。不同源头的证据表明，对贝类过敏的人同样应该避免摄入昆虫。

历史上的烹制方法

田鳖精华

在越南北部，有一种味道刺激的调味品，提取自田鳖汁液充盈的囊泡，其大小如米粒，位于该物种雄性的腹部。这是一种信息素，雄性利用这种液体吸引雌性。按照传统，由妇女和儿童负责采集这种水生昆虫"精华"，他们用细针提取出两个汁液充盈的囊，将其保存在盐水中。瓦尔和迪朗发现，几滴这种液体，就"足以升华任何食物的味道与风味"。田鳖精华专门用于腌制卤水、虾酱以及蘸酱，蘸酱与糯米饼和肠粉是绝配。如今，人工调味品已经取代田鳖精华，占领了越南饮食界。

象甲幼虫

理查德·布鲁克斯（Richard Brookes）在《论昆虫的特性与用途》（*On the Properties and Uses of Insects*，1772）中，记录了红棕象甲：

在西印度群岛，法国人拿一根小木棒穿过它们的身体，放火上烤熟之后吃掉它们。在烘烤它们时，法国人会在上面撒上一层面包屑，混合盐、少许胡椒粉和肉豆蔻。这些混合的香料粉会留在虫子脂肪中使其入味；当它们被做好时，法国人就会将烤好的虫子同橙汁一起端上桌，将其推崇为绝顶美食。

蝗虫汤（1877年）

美国昆虫学委员会第一任会长查尔斯·V. 赖利认为，蝗虫只需稍微烹制或调味即可食用，利用它们体内的脂肪油炸或烘烤，再撒上一点盐，就能让它们变成美味佳肴。不过他还认为，更有益健康的吃法是把它们做成肉汤。他提出以下建议：

将未羽化的蝗虫放在适量的水中炖两个小时做成肉汤，除了胡椒粉和盐外，不放其他任何调味品。蝗虫汤很美味，几乎尝不出它与牛肉汤有什么区别，尽管它的味道有点独特，难以用言语形容出来。加一点黄油就可以改善它的味道，当然，可以任意加上一些薄荷、鼠尾草或其他香料，借此改变它的味道。

科伊蝗虫奶（**20世纪初**）

1903年至1907年，耶拿大学动物学家莱昂哈德·西格蒙德·舒尔策在卡拉哈里沙漠的科伊族地区进行了实地考察。他描述道，在沙漠蝗虫爆发期间，当地妇女会烹制一种特殊的食物：

当"身怀六甲的雌性蝗虫"回到它们的夜间活动区时……树枝上将挂满一大群蝗虫，霍屯督人（Hottentot，现在的科伊族）放火点燃灌木丛。目之所及，火光冲天。隔天早上，人们用树枝把蝗虫遗骸扫成一堆，收集到毛皮上，然后铺在平坦的大岩石上，把带卵的虫子分拣出来。若带卵雌虫不够吃，人们才会收集其他虫子。把收集到的虫子装到麻袋里，用牛运到棚屋里。在屋里把一堆虫子铺开，妇女们围着它们坐成一圈，拿石头碾碎虫子。做完这些后，虫子就成了松软的浅棕色虫粉，将其装入皮袋保存。加入牛奶拌匀，其味道应该比生吃要好一些。

当代食谱

(真)蚂蚁上(假)树的两种做法

"蚂蚁上树"(Ants on a Log)指北美儿童吃的一种小吃,在芹菜杆(树)上涂满花生酱,再放上葡萄干(蚂蚁),对昆虫厨师而言,这可是富有诱惑力的妙计,他们在各种"树"上放上真正的蚂蚁。

我发现最复杂的版本当属北欧食品实验室(目前为哥本哈根大学未来消费者实验室的一部分)厨师乔希·波伦(Josh Pollen)创造的食谱。它最初被称为"黑猩猩木棍",当然,灵感源自黑猩猩机智利用木棍采集白蚁。北欧食品实验室版"黑猩猩木棍"食谱要求:削去甘草的一端,剥掉皮;杜松木浸泡在蜂蜜里一整夜;采集本地蚂蚁(红褐林蚁和亮毛蚁,尽管它们可能不是你当地的蚂蚁),在一个小时之内冷冻它们。把蜂蜜轻轻涂在剥去一端外皮的甘草上。再把其他配料(烤荞麦粒、金亚麻籽、冻干覆盆子片、小片的紫苏叶和香菜水芹,以及小樱桃花)均匀撒在上面。

北欧食品实验室还提供了以下稍微简单一点的版本。

蚂蚁上树(北欧食品实验室版)

- 400克块根芹
- 40克黄油
- 2克桦树芽盐
- 50克块根芹皮,保留
- 1克咖啡渣
- 50克甜味深色的黑麦面包屑,干燥
- 250克葵花籽
- 250克纯净水
- 50克冷榨葵花籽油
- 2克海盐
- 16片拉维纪草叶
- 40片香根芹(欧洲没药)叶
- 160只亮毛蚁

用于制作"树":

块根芹去皮，外皮保留。将块根芹切成3厘米厚的薄片，再切成3厘米见方的长条，然后将长条削成圆柱状。留下轻微的瑕疵是最好不过的。加热黄油，直至焦糖化，色泽金黄，然后离火冷却。把圆柱状块根芹和焦褐色黄油放入真空调理袋，加入桦树芽盐调味后密封，85℃慢煮30—40分钟，直至软化，但仍保留原本的质地。

用于制作"树皮碎屑":

烤箱预热后，放入之前保留的块根芹皮，300℃烘烤10分钟，将皮炭化，待其冷却后，过一遍细筛，形成灰烬末。黑麦面包屑过筛，筛出细粉，再加入少量块根芹细灰和咖啡渣，混合在一起，做成块根芹"树"的"树皮碎屑"。

用于制作葵花籽黄油:

葵花籽160℃烘烤10分钟，加水没过，放冰箱里浸泡一夜。次日，沥干葵花籽，保留100克浸泡的水。将葵花籽、浸泡液和葵花籽油一起放入冰磨机，快速冷冻。待彻底冷冻后，取出搅拌，再冷冻，再搅拌混合，直到得到光滑的奶油质地。如有必要，尝一尝，并且调整调味料用量。（也可以直接购买葵花籽黄油。）

装饰菜：

挑选最嫩、最小的拉维纪草叶和香根芹叶。

摆盘：

把块根芹"树"放进"树皮碎屑"中，滚动至其表面裹满碎屑。抖落多余碎屑。将其末端修剪平整，露出干净的白色内芯。放在盘子上，"树"上至少放40只蚂蚁，或者更多（若你放得上去）。盘子里不能有蚂蚁。用勺子舀一小勺烤葵花籽黄油，淋在"树"边，摆放好香根芹叶和拉维纪草叶，让它看起来像小小的蕨类植物。

蚂蚁上树(**All Things Jerky®版**)

在2018年的威斯康星州博览会上,这个速食版的"蚂蚁上树"大受欢迎。

· 椒盐脆饼干

· 一罐棉花软糖

· 脱水黑蚁或有翼黄猄蚁

把一大块椒盐脆饼干"树"直直插进棉花软糖的罐子中,让棉花软糖彻底没过脆饼干的三分之二。在盘子上铺上一层薄薄的黑蚂蚁或有翼黄猄蚁(抑或两者的组合)。把棉花软糖椒盐脆饼干放在蚂蚁上,轻轻滚动。

炸狼蛛（1998年）

这个炸狼蛛食谱出自"昆虫厨师"大卫·乔治·戈登之手，2011年在洛杉矶县自然历史博物馆举办的大虫子烹饪大赛中，该食谱为他赢得了冠军。不同于在柬埔寨看到的油煎版，戈登版炸狼蛛更像天妇罗，需要裹上面糊油炸。这道食谱很简单，可仍需要一些厨艺在身。按照戈登的食谱，狼蛛在裹上面糊油炸前，必须先除去内脏和蛛毛。他建议，将炸过的狼蛛纵向切成两半，撒上辣椒粉即可食用。

- 2杯（500毫升）芥花油或植物油
- 2只冷冻的成年得克萨斯棕狼蛛或智利火玫瑰狼蛛或类似大小的狼蛛，解冻
- 1杯（200克）天妇罗面糊
- 1茶匙烟熏辣椒粉

油温加热至175° C。

用一把锋利的刀，切掉两只狼蛛的腹部，丢弃这一部分。拿用于烘烤焦糖布丁的喷火枪或丁烷打火机燎去所有蛛毛。

将每只狼蛛都裹满天妇罗面糊。放入热油之前，用漏勺或你的手确保每只狼蛛的腿都保持张开的状态——这些腿很容易蜷缩在一起。

一次炸一只，炸至面糊呈浅褐色，大约1分钟。从油中捞起狼蛛，放在厨房用纸上沥干。

取一把锋利的刀，把每只狼蛛纵向切成两半。撒上辣椒粉即可食用。鼓励食客先尝一尝腿，如果还想继续吃，那就咬一口肉感满满的中胸，要避开头部，那里藏有成对的尖牙。

墨西哥蚂蚁幼虫玉米饼（1998年）

· 2汤匙黄油或花生油

· ½磅（450克）蚂蚁幼虫或蚁蛹

· 3个塞拉诺辣椒，生的，切碎

· 1个中等大小的洋葱，切碎

· 1个番茄，去籽，切碎

· 盐，用于调味

· 黑胡椒，用于调味

· 莳萝，用于调味

· 牛至，用于调味

· 1把芫荽（香菜），切碎

· 玉米粉圆饼

　　用煎锅加热黄油或其他油，煎熟幼虫或蛹。加入切碎的洋葱、辣椒和番茄。用盐、黑胡椒、莳萝和牛至调味。在烤盘上小火加热玉米粉圆饼。上桌时，在玉米粉圆饼中加入彝斯咖魔混合物，用香菜装饰。

蟋蟀乳清干酪薄煎饼

　　恩托莫养殖场是北美一流的蟋蟀养殖场之一。该养殖场位于加拿大安大略省，主营蟋蟀养殖与其加工产品——整只的烤蟋蟀零食与蟋蟀蛋白粉。与其他蛋白粉相同，恩托莫的蟋蟀蛋白粉可以混进冰沙里，或与面粉混合，用于烘焙食品。

- 1½杯（200克）普通面粉

- ¼杯（25克）蟋蟀粉

- 3汤匙红糖

- 1茶匙发酵粉

- 1茶匙烘焙用小苏打（碳酸氢钠）

- ¼茶匙盐

- 2个鸡蛋

- 1杯（250克）意大利乳清干酪

- 1杯（250毫升）杏仁奶或普通牛奶

- 1茶匙香草精

- 1汤匙红花籽油或菜籽油（芥花油）
- ½杯（120毫升）水

　　取一个大碗，加入面粉、蟋蟀粉、红糖、发酵粉、小苏打和盐，搅拌在一起。在第二个碗中，加入鸡蛋，搅匀，然后加入意大利乳清干酪、牛奶、香草精与油。在面粉混合物中间挖个洞，倒入蛋液混合物，搅拌均匀。加水稀释，不断调整浓稠度。取一个大的煎锅，加热至温度适中。若需要，刷上少量剩余的黄油或油。趁热，舀约30克面糊倒入煎锅。煎2—3分钟，煎至饼皮顶部起泡。翻面，煎至金黄，大约2分钟。如果薄煎饼很快变成褐色，调小火力。煎好取出。浇上枫糖浆便可上桌，或搭配你最喜欢的薄煎饼配料一起食用。

油炸黄粉虫

令人惊讶的是，拟步甲在家里很容易养活，但需要定期关注，维护它们的巢箱，并将蛹期与幼虫期和成虫期的虫子分开。网上有许多方法，教人如何建立自己的虫群。黄粉虫（幼虫期）一旦长到全尺寸（2—2.5厘米或0.75—1英寸），就可以收获了。收获时，得先把黄粉虫从虫粪（排泄物）、若干垫料和食物残渣中分离出来，冷冻灭活。

要使用时，取出适量的冷冻黄粉虫，将里面奇形怪状或变色的虫子挑出去。用流动的水彻底冲洗干净。加盐煮5分钟。

从水中捞出，沥干。用少量葡萄籽油或其他油煎炸。用厨房用纸沥干油，加盐。

也可充当沙拉或汤的配料。

黄粉虫巧克力曲奇饼干

黄粉虫有少许坚果味,可以用在各种烘焙食品中,无论是整只的,还是经烘烤后磨成粉的,如史密森学会档案馆馆藏的食谱所示。

该食谱要求使用鲜活的、吃麸皮长大的幼虫,将其清洗干净,冷冻或煮熟,然后置于烤盘上,100℃烘烤2—3小时。待其冷却后,放入食物搅拌器或食品加工器中研磨,直至转化为脂肪含量高且富含蛋白质的面粉。可以储存在冰箱里,以便随时取用。

- ¾杯(170克)黄油
- 1杯(200克)白砂糖
- ½杯(100克)红糖
- 12盎司(340克)巧克力豆
- 2个鸡蛋
- 1茶匙香草精
- ⅔杯(80克)磨碎的黄粉虫

- 1⅓杯（180克）面粉
- ½茶匙盐
- 1茶匙烘焙用小苏打（碳酸氢钠）

　　往黄油里加入糖、鸡蛋和香草精，再加入混合好的干粉材料，然后加入巧克力豆。烤盘抹油，将面糊放到烤盘上，200℃烘烤8—10分钟。此配方能做出大约8打（96块）曲奇饼干。用量可减半。

迷人的"反派"
可食用昆虫小史

用水牛蠕虫粉制作的奥地利香草新月杏仁饼

· 250克普通面粉

· 25克水牛蠕虫粉

· 250克黄油

· 100克杏仁，磨碎

· 80克白砂糖

用于杏仁饼表面：

· 1包（90克）糖粉

· 2包（每包8克）香草糖

　　制作面团时，只需用手或和面机将所有原料揉匀即可。用保鲜膜包好面团，放入冰箱冷藏30分钟。

　　利用这个时间制作糖料，糖粉过筛，放入浅碗中，与香草糖混匀。

　　从冰箱取出面团，卷成约4厘米厚的面团卷。将面团卷切成1—2厘米厚的片状，并塑形成月牙形。放在铺好烘焙纸的烤盘上，不要挤在一起。放入烤箱，175℃烘烤20分钟。烤至饼干呈漂亮的褐色。

从烤箱中取出，冷却几分钟。

趁热把饼干放入混合好的糖粉中。这一步骤的关键点在于，饼干得处于合适的温度：如果香草新月杏仁饼温度仍然很高，放进去后就会裂开，如果温度不够，糖就粘不上去。

饼干可以在罐头盒里存放约6周。

迷人的"反派"
可食用昆虫小史

蟋蟀苦味古典鸡尾酒

设计师露西·克诺普斯（Lucy Knops）和朱莉娅·普莱温（Julia Plevin）共同创立了蟋蟀苦味剂（Critter Bitters），目的是克服吃昆虫的"恶心"感。她们的烤蟋蟀酊剂可产生一种微妙的物质，即使是最难讨好的食客（或是酒鬼，在此例子中），也会被其俘获。若你要按照本书中的其他食谱为食客制作菜肴，那正好，先端上蟋蟀苦味古典鸡尾酒。用它招待害怕吃虫子的客人时，必须提前征得其同意。

- 2盎司（60毫升）波本威士忌或黑麦威士忌
- ¼盎司（5毫升）龙舌兰混合液（等量的水和淡龙舌兰糖浆）
- 3滴管蟋蟀苦味剂

将原料放进盛满冰块的摇壶中，混合在一起。充分摇动，过滤后倒入加冰的威士忌岩石杯中。用橘子皮和干蟋蟀装饰。

蜜蜂幼虫格兰诺拉麦片

包括澳大利亚、墨西哥和泰国在内，西方蜜蜂幼虫在许多国家都是一道美味佳肴。以下食谱摘自北欧食品实验室。该食谱的第一个挑战是找到一个蜂巢，尽管许多养蜂人经常从自己养的蜂巢中取出雄蜂巢房。第二个挑战则是采集幼蜂，它们非常脆弱，很难从蜂巢中将其取出。北欧食品实验室的厨师们给出了建议，用液氮冷冻蜂巢，之后在双手之间，来回揉搓冻干蜜蜂，去除所有蜂蜡和蜂蜜，同时保留完好的蜜蜂幼虫。还有一种方法是，把带有幼虫的蜂巢放入温水中，让其融化，之后过滤出幼虫。过滤一遍后，就可以将沸水淋在滤网之中的幼虫身上，进一步冲洗和分离幼虫。一旦获得了蜜蜂幼虫，就能选择不计其数的烹制方法。关于格兰诺拉麦片，北欧食品实验室建议如下：

· 375克（13盎司）全麦

· 150克（1杯）芝麻

- 150克（1杯）葵花籽

- 75克（½杯）南瓜籽

- 250克（1杯）蜜蜂幼虫

- 110克（4盎司）蜂蜜

- 2克（⅓茶匙）盐

- 可选添加物：桦树汁、茴香籽、碎杜松子

解冻蜜蜂幼虫（如果是冰冻的）。加入蜂蜜和盐，混合均匀。把幼虫-蜂蜜混合物拌入种子和谷物中，充分搅匀。如果想要增加甜味、让其结块，可以添加一些桦树汁。然后，把混合物铺在烤盘上，薄薄的一层，放入预热后的烤箱中，160℃烘烤15—20分钟。

在烘烤过程中，或根据需要，可在5分钟、10分钟、13分钟、16分钟时取出搅拌。

若想让蜜蜂口感更加特别，可以在格兰诺拉麦片煮熟、冷却后，把一些脱水后的整只蜜蜂幼虫混合进去。

松脆蚕蛹

　　我的朋友在韩国吃过蚕蛹,他们跟我说蚕蛹挺好吃的,但我们发现,美国的蚕蛹罐头几乎不能下咽。"500 Tasty Sandwiches"网站的作者将这种难吃归咎于罐装过程。他们建议,在使用前,可以通过沥干和浸泡罐装蚕蛹来消除异味。

· 1个4½盎司(130克)蚕蛹罐头

· 1汤匙酱油

· 1汤匙辣酱

· 1茶匙麻油

· 2瓣大蒜,切碎

　　沥干蚕蛹罐头的水分,用冷水浸泡一个小时,用清水重复操作两遍。沥干蚕蛹,再用厨房用纸吸干水分。接下来,拌入腌泡汁。

　　蚕蛹放入腌泡汁中腌制30分钟。

把烘焙纸铺在烤盘上,烤箱预热至200℃。

沥去蚕蛹中多余的腌泡汁,将其均匀地铺在烤盘上。放入烤箱,烘烤45—60分钟,或烤至松脆。每隔10分钟左右取出,晃动烤盘确保烘烤均匀。烤好后撒盐调味。

泰式田鳖汤

- 1只腌田鳖
- 4根秋葵
- ¼个洋葱
- 6个草菇
- 1茶匙鸡汤
- 2杯（475毫升）水
- 半个柠檬
- 一小撮泰式鱼露、胡椒粉、香菜（摆盘用）

把田鳖置于水中除去盐分，约一个小时后，在其腹部切一个口子。秋葵切块，洋葱切薄片，草菇切半。锅里烧开水，加入鸡汤和蔬菜。煮熟蔬菜，然后放入去除内脏的田鳖。关火，挤柠檬汁，加入胡椒粉和泰式鱼露。放上香菜即可上桌。

迷人的"反派"
可食用昆虫小史

昆虫佃煮

佃煮是日本人烹饪、保存食物的一种方法，用于小型海鲜、海藻和包括昆虫在内的肉类，可追溯至江户时代。喳喳虫（或称石蚕蛾幼虫）与蚱蜢（或称稻蝗），就是用佃煮做法烹制的。该做法适用于多种昆虫。

制作约150克（1½杯）喳喳虫（或黄粉虫）佃煮，需用到3汤匙清酒、3汤匙老抽、2汤匙味淋和2汤匙糖，混合均匀。可以根据个人口味调整味淋和糖的用量。加入姜、辣椒或香料可增添额外风味。

清洗、干燥昆虫。将其放入热锅中，炒至熟透收干。

在厚底锅中，加入酱料，搅拌均匀，加入炒过的昆虫。小火煮至沸腾，然后慢慢煨，直至收汁。储存在冰箱里。

蚂蚁酥脆木薯粉

伊萨或塔纳朱拉蚂蚁（切叶蚁属），包括各种有翼型切叶蚁（如巨首芭切叶蚁），都是源远流长的美食，深受巴西东北部和东南部一些农村人的喜爱。雨季后，一大群生殖蚁会爬出蚁巢，聚集在地面。人们会小心翼翼地捕捉这些有翼成虫，并把它们采集到塑料瓶中。烹制蚂蚁时，需先去除其头部、翅膀与腿，仅用蚂蚁大大的腹部。常见吃法是将它们混合烤木薯粉和其他配料，一起炒熟，做成一道广受欢迎的乡村菜肴——酥脆木薯粉。

- 150克（1杯）有翼型切叶蚁成虫的腹部（如巨首芭切叶蚁或六刺芭切叶蚁）
- 2汤匙植物油
- 1个小洋葱，切碎
- 300克（2杯）木薯粉（烤木薯粉）
- 2汤匙切碎的新鲜欧芹

迷人的"反派"
可食用昆虫小史

· 1个大番茄, 切碎

　　用温盐水浸泡蚂蚁腹部20分钟。倒掉水。在平底锅中加入油, 煎几分钟, 煎至酥脆。加入洋葱煸炒。加入烤木薯粉。关火, 加入番茄。拌入欧芹碎, 即可上桌。

密苏里州食虫学家腌制的六月鳃角金龟（或日本丽金龟）

　　以下内容基于保罗·兰德卡默腌制脱水昆虫的基本配方，我用日本丽金龟烹制这道菜，因为它们随处可得。

用于制作兰德卡默鱼肉米饭酱汁：

混合下列原料，静置过夜。

· 120毫升（½杯）辣椒酱

· 60毫升（¼杯）酱油

· 60毫升（¼杯）水

· 150克（¾杯）糖

· 4茶匙大蒜粉

· 1茶匙生姜粉

· 1汤匙莳萝

· 1茶匙茴芹籽（可不用）

迷人的"反派"
可食用昆虫小史

到没撒过农药的地方捕捉日本丽金龟。丽金龟成虫可以从几英里外的地方侵入新地区，但它们通常只在四处觅食或产卵时才会短途飞行。我在一个没撒过农药的大院子里捕捉到了丽金龟。可以轻易从植物上摘下一大把丽金龟，然后扔进袋子里。

　　冷冻灭活后分拣冻虫子，去除树叶或碎片、散落的翅膀或其他部分。将昆虫煮至沸腾，5—10分钟。沥干水分，彻底浸入腌泡汁之中。放入冰箱，腌制过夜。从腌泡汁中滤出昆虫，并将它们平铺在食物烘干机托盘上。烘干至酥脆（大约6个小时）。

注 释

前 言

1　Arnold van Huis et al., *Edible Insects: Future Prospects for Food and Feed Security*, Food and Agriculture Organization of the United Nations, fao Forestry Paper no. 171 (Rome, 2013).

2　United States Food and Drug Administration, *Food Defect Levels Handbook*, available online at www.fda.gov/food.

3　Van Huis et al., *Edible Insects*, p. 131.

1　人类的食物——昆虫

1　Peter Menzel and Faith D'Aluisio, *Man Eating Bugs: The Art and Science of Eating Insects* (Berkeley, ca,

迷人的"反派"
可食用昆虫小史

1998), p. 174.

2 'Insect', Online Etymology Dictionary, www. etymonline. com, accessed 29 December 2019.

3 American Society of Mammalogists, Mammal Diversity Database, https://mammaldiversity.org, accessed 29 December 2018.

4 Eraldo M. Costa-Neto and Florence Dunkel, 'Insects as Food: History, Culture and Modern Use around the World', in *Insects as Sustainable Food Ingredients: Production, Processing and Food Applications*, ed. Aaron T. Dossey, Juan A. Morales-Ramos and M. Guadalupe Rojas (London, 2016), p. 31.

5 Yde Jongema, 'List of Edible Insects of the World (1 April 2017)'. Online at www.wur.nl/en, accessed 29 December 2017.

6 Eraldo M. Costa-Neto and Julieta Ramos-Elorduy, 'Los insectos comestibles de Brasil. Etnicida,

diversidad e importancia en la alimentacion', *Boletín Sociedad Entomológica Aragonesa*, No. 38 (2006), pp. 423–42.

7   Costa-Neto and Dunkel, 'Insects as Food', p. 29.

8   Lucinda R. Backwell and Francesco d'Errico, 'Evidence of Termite Foraging by Swartkrans Early Hominids', *Proceedings of the National Academy of Sciences of the United States of America*, xcviii/4 (February 2001), pp. 1358–63.

9   William C. McGrew, 'The Other Faunivory: Primate Insectivory and Early Human Diet', in *Meat Eating and Human Evolution*, ed. Craig B. Stanford and Henry T. Bunn (Oxford, 2001), pp. 4–11.

10 Julie J. Lesnik, *Edible Insects and Human Evolution* (Gainesville, fl, 2018).

11 See, for example, Mark Q. Sutton, 'Insect Resources

迷人的 "反派"
可食用昆虫小史

and Plio-Pleistocene Hominid Evolution', *Ethnobiology: Implication and Applications: Proceedings from the First International Conference of Ethnobiology,* 1988, i (Belém, 1990).

12 Lesnik, *Edible Insects*, p. 48.

13 Charlotte L. R. Payne et al., 'Are Edible Insects More or Less "Healthy" Than Commonly Consumed Meats? A Comparison Using Two Nutrient Profiling Models Developed to Combat Over- and Undernutrition', *European Journal of Clinical Nutrition*, lxx/3 (2015), pp. 285–91.

14 Charlotte L. R. Payne et al., 'A Systematic Review of Nutrient Composition Data Available for Twelve Commercially Available Edible Insects, and Comparison with Reference Values', *Trends in Food Science and Technology*, xlvii (2015), pp. 69–77.

15 Valerie J. Stull et al., 'Impact of Edible Cricket

Consumption on Gut Microbiota in Healthy Adults: A Double-blind, Randomized Crossover Trial', *Scientific Reports*, xiii /10762 (2018), pp. 1–13.

16 David B. Madsen and James E. Kirkman, 'Hunting Hoppers', *American Antiquity*, liii/3 (1988), pp. 593–604.

17 Frederick Simon Bodenheimer, *Insects as Human Food: A Chapter of the Ecology of Man* (The Hague, 1951).

18 Forkwas T. Fombong and John N. Kinyuru, 'Termites as Food in Africa', in *Termites and Sustainable Management*, Sustainability in Plant and Crop Protection series, vol. i, ed. M. A. Khan and W. Ahmad (New York, 2018), pp. 218–40.

19 Sandra G. F. Bukkens, 'The Nutritional Value of Edible Insects', *Ecology of Food and Nutrition*, xxxvi/2–4 (1997), pp. 287–320.

迷人的 "反派"
可食用昆虫小史

20 Arnold van Huis, 'Insects as Food in Sub-Saharan Africa', *Insect Science Application*, xxiii/3 (2003), pp. 163–85.

21 Fombong and Kinyuru, 'Termites', p. 234.

22 Ibid.

23 Rozzanna Esther Cavalcanti Reis de Figueirêdo et al., 'Edible and Medicinal Termites: A Global Overview', *Journal of Ethnobiology and Ethnomedicine*, xxxiiii/11 (2015), https://doi.org/10.1186/s13002-015-0016-4.

24 Pliny the Elder, *Natural History*, Book xxi, Chapter Four (London, 1855).

25 Eva Crane, *The Archaeology of Beekeeping* (Ithaca, Ny, 1983).

26 Collin Turnbull, *The Forest People* (London, 1963).

27 维达人（Vedda）是一个年代久远的术语，用于指斯里兰卡的狩猎采集民族。

28 Bodenheimer, *Insects*, p. 249.

29 Ibid., p. 329.

30 Keith Allsop and J. Brand Miller, 'Honey Revisited: A Reappraisal of Honey in Pre-industrial Diets', *British Journal of Nutrition*, lxxv (1996), pp. 513–20.

31 Michael Cook and Susan Mineka, 'Selective Associations in the Observational Conditioning of Fear in Rhesus Monkeys', *Journal of Experimental Psychology: Animal Behavior Processes*, xvi/4 (1990), pp. 372–89.

32 Lesnik, *Edible Insects*, p. 20.

33 Jonathan Haidt et al., 'Body, Psyche, and Culture: The Relationship between Disgust and Morality', *Psychology and Developing Societies*, ix/1 (1997).

34 Gene R. Defoliart, 'Insects as Food: Why the Western Attitude Is Important', *Annual Review of Entomology*, xliv (1999), p. 43.

35 Julie Lesnik, 'The Colonial/Imperial History of

Insect Food Avoidance in the United States', *Annals of the Entomological Society of America*, cxii/6 (2019) pp. 560–65.

36 Marvin Harris, *Good to Eat* (Long Grove, il, 1998 [1985]), p. 157.

2　昆虫食用史

1　Frederick Simon Bodenheimer, *Insects as Human Food: A Chapter of the Ecology of Man* (The Hague, 1951), pp. 15–6.

2　Jun Mitsuhashi, 'Entomophagy: Human Consumption of Insects', in *Encyclopedia of Entomology*, ed. John Capinera (Dordrecht, 2008).

3　Mark Q. Sutton, *Insects as Food: Aboriginal Entomophagy in the Great Basin* (Menlo Park, ca, 1988).

4　Matthew C, 'On the Significance of Insect Remains and Traces in Archaeological Interpretation',

Global Journal of Archaeology and Anthropology, ii/4 (January 2018), pp. 90–97.

5   Eraldo M. Costa-Neto and Florence Dunkel, 'Insects as Food: History, Culture and Modern Use around the World', in *Insects as Sustainable Food Ingredients: Production, Processing and Food Applications*, ed. Aaron T. Dossey, Juan A. Morales-Ramos and M. Guadalupe Rojas (London, 2016), p. 34.

6   May R. Berenbaum, *Bugs in the System: Insects and Their Impact on Human Affairs* (Reading, ma, 1995), p. 180.

7   Diodorus Siculus, *Library of History*, Loeb Classical Library edition, vol. ii, Book iii, Chapter 29 (Cambridge, ma, 1935), p. 163.

8   Joseph Bequaert, 'Insects as Food: How They Have Augmented the Food Supply of Mankind in Early and Recent Times', *Journal of the American*

Museum of Natural History (March–April 1921), pp. 191–200, available at www.naturalhistorymag. com.

9   James Legge, *Sacred Books of the East*, xxviii/Part 4: The Li Ki (1885), available at the Chinese Text Project, ctext.org/liji.

10 Lionel Wafer, *A New Voyage and Description of the Isthmus of America* (London, 1699), p. 67.

11 William Kirby and William Spence, *An Introduction to Entomology*, iv (1826), p. 300.

12 Vincent Holt, *Why Not Eat Insects?* (London, 1967 [1885]), p. 5.

13 Ronald Taylor, *Butterflies in My Stomach; or, Insects in Human Nutrition* (Santa Barbara, ca, 1971), p. 9.

14 Ibid., pp. 37–51.

15 V. B. Meyer-Rochow, 'Can Insects Help to Ease the Problem of World Food Shortage?', *Search*, vi/7

(1975), pp. 261–2.

16 Joshua Evans et al., ' "Entomophagy": An Evolving Terminology in Need of Review', *Journal of Insects as Food and Feed*, i/4 (2015), p. 295.

17 Ibid., pp. 296–300.

18 Peter Menzel and Faith D'Aluisio, *Man Eating Bugs: The Art and Science of Eating Insects* (Berkeley, ca, 1998), p. 144.

3　盛宴抑或饥荒

1 Based on news reports from Missouri, Kansas and Arkansas in 1875.

2 Chinua Achebe, *Things Fall Apart* (London, 1958).

3 Ibid., p. 56.

4 Charles Valentine Riley, *The Locust Plague in the United States, Being More Particularly a Treatise on the Rocky Mountain Locust or So-Called Grasshopper,*

as It Occurs East of the Rocky Mountains, with Practical Recommendations for Its Destruction (Chicago, il, 1877), p. 39.

5 Charles Valentine Riley, *Report of the Commissioner of Agriculture for the Year* 1877 (Washington, dc, 1878), p. 266.

6 Riley, *Locust*, p. 223.

7 Ibid., p. 224.

8 然而，如果其他蝗虫物种不断爆发，有可能会严重损害农业。边缘种的高原蝗虫（*Dissosteira longipennis*）曾在20世纪30年代爆发过一次毁灭性的蝗灾，但由于其种群数量太少，此后再也没有爆发过。

9 Jeffery A. Lockwood, *Locust: The Devastating Rise and Mysterious Disappearance of the Insect That Shaped the American Frontier* (New York, 2005).

10 Riley, *Locust*, p. 226.

11 Frederick Simon Bodenheimer, *Insects as Human Food: A Chapter of the Ecology of Man* (The Hague, 1951), p. 48.

12 Yupa Hamboonsong, 'Edible Insects and Associated Food Habits in Thailand', in *Edible Forest Insects* [Also *Forest Insects as Food*]: *Humans Bite Back!!*, ed. Patrick B. Durst et al. (Bangkok, 2010), pp. 173–4.

13 Jeffery H. Cohen, Nydia Delhi Mata Sánchez and Francisco Montiel-Ishino, 'Chapulines and Food Choices in Rural Oaxaca', *Gastronomica*, ix/1 (2009).

14 René Cerritos and Zenón Cano-Santana, Harvesting Grasshoppers *Sphenarium purpurascens* in Mexico for Human Consumption: A Comparison with Insecticidal Control for Managing Pest Outbreaks, *Crop Protection*, xxvii/3–5 (2008), pp. 473–80.

15 Hugh Raffles, *Insectopedia* (New York, 2010), p. 14.

16 Ibid., p. 227.

4 网罗世界各地的昆虫幼虫

1 Quoted in Frederick Simon Bodenheimer, *Insects as Human Food: A Chapter of the Ecology of Man* (The Hague, 1951), p. 72.

2 Alan Louey Yen, 'Edible Insects and Other Invertebrates in Australia: Future Prospects', in *Edible Forest Insects* [also *Forest Insects as Food*]: *Humans Bite Back!!*, ed. Patrick B. Durst et al. (Bangkok, 2010), p. 67.

3 Peter Menzel and Faith D'Aluisio, *Man Eating Bugs: The Art and Science of Eating Insects* (New York, 1998), p. 18.

4 Aung Si and Myfany Turpin, 'The Importance

of Insects in Australian Aboriginal Society: A Dictionary Survey', *Ethnobiology Letters*, vi/1 (2015), pp. 175–82.

5 For more information see www. cultureandrecreation. gov. au.

6 Luo Zhi-Yi, 'Insects as Traditional Food in China', in *Ecological Implications of Minilivestock*, ed. Maurizio Paoletti (Enfield, nh, 2005), pp. 475–80.

7 Andy Deemer, 'Why Do Chinese People Eat Snakes, Ants, and Worms for Medicine?', *The World of Chinese* (2010), online at www.theworldofchinese.com, accessed 26 October 2020.

8 Luo Zhi-Yi, 'Insects as Traditional Food in China', p. 478.

9 V. B. Meyer-Rochow, 'Traditional Food Insects and Spiders in Several Ethnic Groups of Northeast

迷人的"反派"
可食用昆虫小史

India, Papua and New Guinea, Australia, and New Zealand', in *Ecological Implications of Mini Livestock – Potential of Insects, Rodents, Frogs and Snails*, ed. M. G. Paoletti (Enfield, ct, 2005), pp. 385–409.

10 Lobeno Mozhui, L. N. Kakati, Patricia Kiewhuo and Sapu Changkija, 'Traditional Knowledge of the Utilization of Edible Insects in Nagaland, North-east India', *Foods*, ix/7 (2020), article number 852.

11 Kenichi Nonaka, 'Cultural and Commercial Roles of Edible Wasps in Japan', in *Edible Forest Insects*, pp. 123–30.

12 Julieta Ramos-Elorduy, 'The Importance of Edible Insects in the Nutrition and Economy of People in Rural Areas of Mexico', *Ecology of Food and Nutrition*, xxxvi/5 (1997), pp. 336–47.

13 Ibid., p. 47.

14 Mark Q. Sutton, *Insects as Food: Aboriginal Entomophagy in the Great Basin* (Menlo Park, ca, 1988).

15 Rudzani Makhado et al., 'A Review of the Significance of Mopane Products to Rural People's Livelihoods in Southern Africa', *Transactions of the Royal Society of South Africa*, lxix/2 (2014), pp. 117–22; usaid, 'Mopane Worm for Improved Income Generation (mw4iig) Innovation', online at www.ranlab.org, accessed 6 January 2018.

16 William S. Bristowe, 'Insects and Other Invertebrates for Human Consumption in Siam', *Transactions of the Entomological Society of London*, lxxx/2 (1932), p. 394.

17 Andrew Müller, 'Insects as Food in Laos and Thailand: A Case of "Westernisation"?', *Asian Journal of Social Science*, xlvii (2019), pp. 204–23.

迷人的 "反派"
可食用昆虫小史

5 饲养小型牲畜

1 Gene DeFoliart, 'Edible Insects as Minilivestock', *Biodiversity and Conservation*, ix (1995), p. 306.

2 Ibid.

3 Yuxuan Gong et al., 'Biomolecular Evidence of Silk from 8,500 Years Ago', *plos one*, xi/12 (2016).

4 Frederick Simon Bodenheimer, *Insects as Human Food: A Chapter of the Ecology of Man* (The Hague, 1951), p. 271.

5 Ibid., p. 275.

6 Thomas Lecocq, 'Insects: The Disregarded Domestication Histories', in *Animal Domestication*, ed. Fabrice Telechea (2019), pp. 35–68, available at www.intechopen.com, accessed 2 November 2020.

7 Annette Bruun Jensen et al., 'Standard Methods for *Apis mellifera* Brood as Human Food', *Journal of Apicultural Research*, lviii /2 (2019), pp. 1–28.

8   Sarah Kobylewski and Michael F. Jacobson, 'Toxicology
     of Food Dyes', *International Journal of Occupational
     and Environmental Health*, xviii/3 (July–September,
     2012), pp. 220–46.

9   Nancy Shute, 'Is That a Crushed Bug in Your Frothy
     Starbucks Drink?', *The Salt* blog, npr [National
     Public Radio] (30 March 2012).

10   S. Kelemu et al., 'African Edible Insects for Food
     and Feed: Inventory, Diversity, Commonalities
     and Contribution to Food Security', *Journal of
     Insects as Food and Feed*, i/2 (2015), p. 110.

11   Darna L. Dufour and Joy B. Sander, 'ii.g.15/
     Insects', in *The Cambridge World History of Food*,
     ed. Kenneth F. Kiple and Kriemhild Coneé
     Ornelas, vol. i (Cambridge, 2000), p. 549.

12   Francisco Hernández, 1959 [1576], *História natural
     de Nueva España*, cited in Jeffrey R. Parsons, 'The

迷人的"反派"
可食用昆虫小史

Aquatic Component of Aztec Subsistence: Hunters, Fishers, and Collectors in an Urbanized Society', *Michigan Discussions in Anthropology* (issue title: *Subsistence and Sustenance*), xv/1 (2005), pp. 61–2.

13 Joost van Itterbeeck and Arnold van Huis, 'Environmental Manipulation for Edible Insect Procurement: A Historical Perspective', *Journal of Ethnobiology and Ethnomedicine*, xviii/3 (2010), p. 3.

14 Jeffrey R. Parsons, 'The Aquatic Component of Aztec Subsistence: Hunters, Fishers, and Collectors in an Urbanized Society', *Michigan Discussions in Anthropology* (issue title: *Subsistence and Sustenance*), xv/1 (2005), p. 64.

15 Van Itterbeeck and Van Huis, 'Environmental Manipulation', pp. 3–4.

16 Mark S. Hoddle, 'Entomophagy: Farming Palm Weevils for Food', Center for Invasive Species

Research (cisr) blog (30 September 2013).

17 Van Itterbeeck and van Huis, 'Environmental Manipulation', p. 4.

18 Charlotte L. R. Payne et al., 'The Contribution of "Chitoumou", the Edible Caterpillar *Cirina butyrospermi*, to the Food Security of Smallholder Farmers in Southwestern Burkina Faso', *Food Security*, xii/1 (2020), pp. 221–34.

19 Patrick Durst and Kenichi Shono, 'Edible Forest Insects: Exploring New Horizons and Traditional Practices', in *Edible Forest Insects [also Forest Insects as Food]: Humans Bite Back!!*, ed. Patrick B. Durst et al. (Bangkok, 2010), p. 1.

20 Katherine Harmon, 'Mealworms: The Other-other-other White Meat', *Scientific American* (19 December 2012).

21 See Arnold van Huis, Henk van Gurp and Marcel

迷人的 "反派"
可食用昆虫小史

Dicke, *The Insect Cookbook: Food for a Sustainable Planet* (New York, 2014).

22 Afton Halloran et al., 'The Development of the Edible Cricket Industry in Thailand', *Journal of Insects as Food and Feed*, ii/2 (2016), pp. 90–100.

23 Talal Husseini, 'Thailand Published Cricket Farming Good Agricultural Practice Rules', *Food Processing Technology* (19 March 2019).

24 'Glimpse inside the Largest Human Grade Cricket Farm in the World', https://entonation.com (28 January 2018).

25 As of January 2018, as stated on https://entomofarms.com.

26 Elaine Watson, 'Aspire Food Group Unveils World's First Automated Cricket Farm', *FoodNavigator-usa* (4 August 2017).

27 Mark E. Lundy and Michael P. Parella, 'Crickets

Are Not a Free Lunch: Protein Capture from Scalable Organic Side-streams via High-density Populations of *Acheta domesticus*', *plos one*, x/4 (2015).

28 Stephen Chen, 'A Giant Indoor Farm in China Is Breeding 6 Billion Cockroaches a Year. Here's Why', *South China Morning Post* (19 April 2018).

29 Christopher Ingraham, 'Maggots: A Taste of Food's Future', *Washington Post* (3 July 2019).

6　尴尬的食虫者

1　See Kate Andrews, 'Farm 432: Insect Breeding by Katharina Unger', www.dezeen.com (25 July 2013).

2　Ophelia Deroy, Ben Reade and Charles Spence, 'The Insectivore's Dilemma, and How to Take the West out of it', *Food Quality and Preference*, xliv (2015), pp. 44–55.

3 Ibid.

4 Ibid., p. 135.

5 Taken from Alex Atala, *d.o.m.: Rediscovering Brazilian Ingredients* (London, 2013), p. 38.

6 Nordic Food Lab, Joshua Evans, Roberto Flore and Michael Bom Frøst, *On Eating Insects: Essays, Stories and Recipes* (London, 2017), pp. 314–15.

7 Daniella Martin, *Edible: An Adventure into the World* of Eating Insects and the Last Great Hope to Save the Planet (Boston, ma, 2014).

8 See Andrew Müller's blog, at http://contemporaryfoodlab. com.

9 A. Müller et al., 'Entomophagy and Power', *Journal of Insects as Food and Feed*, ii/2 (2016).

10 See Alex Atala's ata Institute website, at www. institutoata. org.br, my translation.

11 Ibid., my translation.

12 Francisco Sánchez-Bayo and Kris A. G. Wyckhuys, 'Worldwide Decline of the Entomofauna: A Review of Its Drivers', *Biological Conservation*, ccxxxii (2019), pp. 8–27.

参考文献

Bodenheimer, Frederick Simon, *Insects as Human Food: A Chapter of the Ecology of Man* (The Hague, 1951)

Dossey, Aaron T., Juan A. Morales-Ramos and M. Guadalupe Rojas, eds, *Insects as Sustainable Food Ingredients: Production, Processing and Food Applications* (London, 2016)

Durst, Patrick B., et al., eds, *Edible Forest Insects [also Forest Insects as Food]: Humans Bite Back!!* (Bangkok, 2010)

Nordic Food Lab, Joshua Evans, Roberto Flore and Michael Bom Frøst, *On Eating Insects: Essays, Stories and Recipes* (London, 2017)

Lesnik, Julie J., *Edible Insects and Human Evolution* (Gainesville, FL, 2018)

Menzel, Peter, and Faith D'Aluisio, *Man Eating Bugs: The*

Art and Science of Eating Insects (Berkeley, CA, 1998)

Van Huis, Arnold, Henk van Gurp and Marcel Dicke, *The Insect Cookbook: Food for a Sustainable Planet* (New York, 2014)

—, et al., *Edible Insects: Future Prospects for Food and Feed Security*, Food and Agriculture Organization of the United Nations, FAO Forestry Paper no. 171 (Rome, 2013)

Walter-Toews, David, *Eat the Beetles: An Exploration into Our Conflicted Relationship with Insects* (Toronto, 2017)

迷人的"反派"
可食用昆虫小史

致　谢

　　我花了很长时间才写成这本书。我开始研究可食用昆虫源远流长且多面性历史的不同方面，断断续续地写完了这本书。借用Henry David Thoreau的话来说，并不是说故事一定要写得很长，而是要花上一些时间才能长话短说。我在这里仅仅触及了可食用昆虫主题的表面，我不断惊叹于昆虫和昆虫美食的多样性。我希望该领域的学者能够原谅我在书中犯下的错误，不可避免会有所疏漏。

　　感谢系列图书编辑Andrew F. Smith，发行人Michael R. Leaman，编辑Amy Salter，还有 Reaktion Books的所有员工，感谢你们让这本书成为可能。在原文中引用了众多资料，此处无法一一提及，感谢所有的研究人员及作者，他们回复了我随机提出的信息、食谱、照片和资源请求。

感谢我亲爱的朋友兼同事，James Skibo，他是第一个鼓励我写这本书的人。感谢伊利诺伊州立大学社会学和人类学系，多年来提供的支持与帮助。感谢一同在伊利诺伊州立大学工作的Amber Bostwick，为一些章节的早期草稿的编辑工作贡献良多。感谢米尔纳图书馆的Sarah Dick，感谢她为版权伸出的援手。

我心怀莫大的感激之情，感谢许许多多的人，你们给我带来了快乐。致我的伙伴们，他们的关怀温暖了我的心，他们的烹饪温暖了我的胃：Chris Koos、Lucille Eckrich，特别是Lulu Zamudio，我在食虫之旅上的伙伴。感谢父母与我的姐妹们，感谢他们坚定不移的支持。感谢我的家人，Filipe、Natalie和Lua Bessa；感谢我的爱人，Douglas Biever，感谢他成为我的盟友。

本书献给世界上的所有土著人民，他们有很多值得我们学习的地方。